U0202545

◎历史文化城镇丛书

义乌老城区城市建设
历史文脉研究

单彦名　高朝暄　冯新刚　田家兴 等编著

中国建筑工业出版社

编写单位

中国建筑设计院有限公司城镇规划院历史文化保护规划研究所

研究指导

骆　嵘　义乌市规划局　局长
吴浩军　义乌市规划局　聘任制高级规划主管
吴新宇　义乌市规划局　规划编审科科长
刘兆欣　义乌市规划局　规划编审科副科长
龚伟伟　义乌市规划局　规划编审科副科长
黄美燕　义乌市文物保护管理办公室主任文博研究馆员
牛建农　中国民族建筑研究会会员作家

顾问团队

赵　辉　赵文强　冯志行　徐　冰　李青丽　袁　琳

前期协调

高朝暄　马慧佳

编写人员

李志新　安　艺　梅　静　于代宗　李　霞　袁静琪　王汉威
赵　亮　俞　涛　姜青春　连　旭　李　婧　胡　洋　高　雅
郝　静　刘　闯　宋文杰　田　靓　韩　沛　李嘉漪　杨　超
陈志萍

Preface
前 言

"绣湖映山远，金乌载日鸣"。

义乌，一个富有传奇色彩的城市，是全国首个也是唯一一个县级市国家级综合改革试点；全球最大的小商品集散中心；被联合国、世界银行等国际权威机构确定为世界第一大市场。义乌国际商贸城被国家旅游局授予中国首个AAAA级购物旅游区。义乌是一座建在市场上的城市，以其独特的商业文化创造了中国经济发展中令人瞩目的辉煌。

得益于经济发展的成就，义乌城市迅速扩张，城市建设日新月异，原来的远山变为近山，远水变为近水。然而，在喧闹的都市空间之中却是深深的反思：义乌的一些自然、历史、人文资源禀赋特色，正逐渐淹没在快速的城市化之中。

21世纪的城市更加注重城市品质特色的营造。梳理自然，品鉴义乌绣湖山水，既是义乌城市人文活动的空间载体，也是构建义乌生态安全格局的保障。挖掘历史，追溯义乌文化的根，探索义乌历史文脉的延续和持续健康发展；立足现代义乌人的生活需求，建立以人为本的公共服务设施配置网络，提升城市的品质成为义乌当前最为迫切的任务之一。

城市的发展在每个阶段都面临新的挑战和机遇，本书对义乌城市建设文脉的研究探索也是对义乌城市发展的反思，重新审视各项规划和建设活动是否有益于塑造一个持续发展的城市。我们特别关注的是：提出一个与时俱进适应义乌发展需求的战略目标；一个突出义乌特色、提升城市空间品质的空间布局策略；一个近期建设如何着手的行动计划。

随着全国城市双修工作的开展，义乌市应立足于城市修补和有机更新，切实解决老城区环境品质下降、空间秩序混乱、历史文化遗产损毁等问题，充分运用生态的理念，通过有计划有步骤地修复被破坏的山体、河流、湿地、植被，修复城市中被破坏的自然环境和地形地貌，改善生态环境质量，恢复城市生态系统的自我调节功能。对老城区通过空间肌理梳理、功能再造、设施改建、交通改善、环境整治等，修复城市设施、空间环境、景观风貌，以创造富有特色和活力、环境良好、可持续发展的宜居城市。

Contents
目 录

Chapter 1
第 1 章

背景、目的及框架

1.1
————
研究背景及意义

1. 城市文化建设是义乌经济发展进入新阶段的发展需求

改革开放以来，对于义乌经济的发展来说，可谓是成就瞩目，小商品经济三十余年来快速发展，义乌拥有了"国际小商品贸易中心"、"世界第一大市场"、"国际贸易综合改革试验区"等数不尽的名头，义乌也成了小商品的代名词。义乌市迅速地成了浙江省内位列杭州、宁波、温州之后的第四大城市。繁荣、富裕、聪慧是人们对于义乌的最深刻印象，国人无不为义乌的惊人成就赞叹，可是在区域经济三十余年迅速增长、城市用地快速扩张的背后，城市文化发展的滞后却成为鲜明对比，尤其是在城市空间特色上，文化的传承和延续显得更加薄弱，因此对于义乌文化脉络进行研究以及制定城市空间的特色营建策略显得尤为重要，这是义乌城市发展进入新阶段的更高要求。

2. 义乌丰厚的文化资源需要展示平台来传承、延续、发扬

义乌的经济取得了举世瞩目的成就，一定程度上掩盖了义乌丰厚的历史文化资源，经济的快速发展也挤压了历史文化资源展示的空间。义乌有着近万年的人类活动史、义乌古城有着两千多年的发展史、义乌的商业文化经过了千年的孕育成长，在这漫长的历史中，义乌人对大山水体系的改造利用、对于发展时机的把握都显现出了惊人的智慧。另外，义乌还产生了众多的名人志士，与达摩齐名的梁代三大居士之一的傅大士、唐代诗人骆宾王、抗金名将宗泽、抗倭名将戚继光等，近代又涌现了教育家陈望道、历史学家吴晗等，可见义乌有着丰厚名人文化资源。但是这些资源在经济发展取得辉煌成就的背景下没有得到重视，因此需要通过改造城市，营建能够展示义乌丰厚历史文化资源的空间。

1.2
————
研究核心内容及目的

城市建设历史文脉研究须以历史研究为前提，只有在对城市历史文化的特点、价值做出准确的认知和判断的基础上，才能梳理、明晰城市建设的文化脉络，进而提出指导空间发展的策略和措施。

1. 研究义乌传统城市格局特色及现状发展特点，挖掘特色价值

通过对义乌传统城市格局、现状发展进行剖析，了解义乌城市的发展脉络，明确义乌城市发展各个时期的典型传统文化及其空间特征。

2. 明确新时代下义乌城市文化提升的发展策略

研究义乌城市的典型特征、文化价值及现状发展问题，结合义乌当前建设的实际情况，针对不同发展层面和不同发展区域提出城市空间特色营建的策略，提升城市文化。

3. 提出义乌老城的空间体系调整方案及不同片区空间发展思路

结合特色空间的策略，针对市域、老城区、古城核心区三个层次，从山水格局、核心文化提升、特色廊道建立、功能片区发展、公共环境营建等多个方面提出指导性的空间营建思路，为后期老城改造的具体空间规划设计及实施提供思路指导和借鉴。

1.3
研究框架

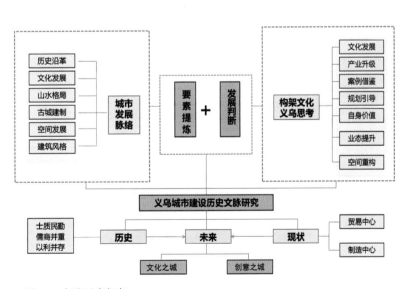

▲ 图1-1　文脉研究框架

Chapter 2
第 2 章

义乌市空间现状及
问题

2.1

————

整体格局

2.1.1　整体生态格局

义乌处于金衢盆地东缘，东、南、北三面环山，义乌江居于盆地中部，自东北向西南纵穿盆地，市域内水系多从三面山系汇入义乌江，市域内地势大体从东北向西南缓降，内部地势从三面山系向义乌江两侧逐步降低，沿义乌江形成低洼平地，山地、丘陵、平原呈阶梯状分布。山体逐渐降低，形成伸入谷地的绿楔；水系源于高山，汇入江中形成连通廊道；山地、水系、城市互为镶嵌，形成具有义乌地域特色的山水格局。

随着城市的快速发展，城市空间极速扩张，在这样的建设速度和发展状态下，义乌市域内的自然生态格局受到极大的威胁，主要问题表现在：

1. 市域水系网络受到严重破坏；
2. 城市内部原有地势形态被破坏；
3. 城市边缘山地缓丘被破坏侵蚀严重。

▲ 图2-1　义乌市不同空间层次划分

2.1.2　整体城市形态

义乌城市在商贸业引领、贸工同步推进的产业特征，以及外来人数量远超本地人数量的人口特征主导下，建设规模快速扩张，城市的发展也出现很多问题，在城市形态方面，经分析认为主要存在以下三方面：

▲ 图2-2　老城区空间现状

▲ 图2-3　老城区保存现状照片

1. 产业用地推动促使城市用地过度扩张；
2. 快速建设促使城市空间形态严重同质化；
3. 城市中心特色不足，城市精神缺乏承载。

2.1.3　问题总结

近山被蚕食、远山变近山、水系被破坏；城市生态格局受到严重威胁，城市文脉基底被破坏。

义乌城市处于山环水抱之中，山水环境是影响其成长、发展、延续的最基本要素，而现今快速、盲目的城市建设造成了城市外围山系被逐渐蚕食，缓坡山丘不断被推平成为产业用地；内部水系空间被挤压严重，水泥盖板使得城市水系成为地下水沟；不断蔓延的建设侵占大部分绿色空间，公园绿地孤立散落；山系、水系、绿地之间也缺乏联系廊道。

山水格局的破坏直接影响到城市的整体环境和品位，城市文化脉络的延续受到极大挑战，也导致城市文化的提升成为无源之水。

▲ 图2-4　城市不断扩张

▲ 图2-5　水系被挤压

▲ 图2-6　城市空间演变

2.2

城市内部空间

2.2.1 城市发展变迁

在改革开放甚至于20世纪90年代中期之前，义乌都是默默无闻的，90年代后期小商品经济的飞速发展才让这个浙中小县逐步成为拥有超过百万常住人口的"世界小商品之都"、浙江省第四大城市。义乌通过实施"兴商建市"战略，以工业化、城市化、国际化和城乡一体化为驱动，快速发展成为全球国际小商品贸易中心，义乌城市面积也在快速发展中不断扩展。然而，城市发展速度的突飞猛进、人口的急速集聚，带来的副作用是城市空间布局凌乱，城市建筑形式多样但无次序，城市景观无特色，城市功能不够完善，城市空间结构调整跟不上产业升级的速度，城市规划跟不上城市发展的速度。义乌城市的急速扩张也使得城市内难觅太多历史痕迹，不了解义乌的人认为义乌与周边地区相比基本上是"文化荒漠"，缺乏历史积淀。而实际上，义乌文化的发展历史相当久远，最新的考古结果证明，义乌地区人类活动的历史可以至少追溯到9000年前的新石器时代；义乌城区内发现的13口战国古井便反映出当时人口规模，说明春秋时期有相当规模的集市痕迹；自秦置乌伤县开始，义乌的城市建设便开始了新纪元，一直延续至今。历史时期义乌城市建设有着非凡的成就，广为流传的东晋"富、贵、贫、贱"四口古井的故事则说明义乌城市发展的规模和社会文明发展的高度，历经千年发展至明清时城市已有相当规模，城制明晰、市井繁荣。然而这些都被义乌近几十年飞跃发展的经济所掩盖，这些在城市发展过程中遗失掉的城市文化正是义乌在未来城市建设的特色营建中需要传承和发扬的。

2.2.2 城市空间变迁

城市空间由小到大，内部空间由简到繁，商贸业的发展控制了城市的生活形态，城市人文生活空间被严重挤压。

义乌作为国际商贸都会，商贸业主导了城市业态，集中市场、专业街市满布全城，各种商业店铺弥漫于城市中，这样的城市业态也促成了义乌独有的空间形态，城市在快速的商贸业发展中，同质化的商业店铺急速蔓延控制了城市风貌形态，城市建设围绕大型集中市场展开，内部空间极为密集，商业空间弥漫于街道、广场、居住区中，城市人文生活空间逐渐消逝。

　　义乌人不停地创新、敢于放弃的精神使他们一次次抓住机遇，不断地迎来飞跃，最终商业发展至极限。但由于在商贸的快速发展中，相应的城市建设和文化发展没有及时完善，义乌城市发展中文化内涵缺失的弊病逐渐体现，与经济发展严重不相配的城市文化发展，严重阻碍了义乌的城市地位提升。

义乌城市规模变化统计表　　　　　　　　　　　　　　表2-1

年份	城市规模（km^2）	人口数量（万）
1970年	0.8	—
1977年	1.47	1.8
1982年	2.5	—
1983年	2.83	—
1984年	2.8	3.5
1988年	6.44	—
1990年	5.08	—
1995年	12.89	—
1997年	13.95	15.82
2000年	26.7	36.3
2002年	38	—
2004年	50	50
2010年	90	123.4

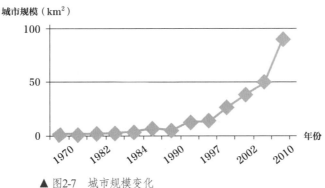

▲ 图2-7　城市规模变化

2.3
城市文化遗存保护

2.3.1 文化遗存现状分布

　　义乌文化积淀丰厚，现有市级及以上文保单位61处，其中全国重点保护单位2处，省级文保单位11处，另在市域内散布有近300处市级文物保护点，其中以古建筑、古桥梁最多，这些文保单位和保护点是义乌历史文化最为直接的承载体，它们现状的分布特征和保护状况亦能体现出义乌城市空间发展和文化传承方面的特征。

▲ 图2-8　义乌市域各级文物保护单位分布情况

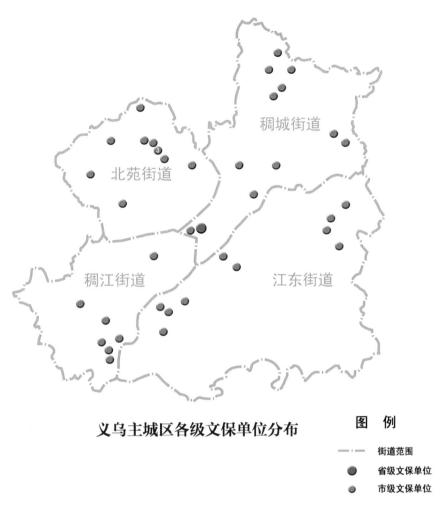

义乌主城区各级文保单位分布

图　例

— · — 街道范围

●　省级文保单位

●　市级文保单位

▲ 图2-9　义乌市主城区各级文保单位分布情况

1. 分布特征

整体散布于市域，郊区多于城区、义乌南多于义乌北。

2. 类型特征

古建筑留存较多，且历史价值较高，能够集中反映出地域内的建筑特色。

◆ **义乌历史文化遗存类型比较表** 表2-2

序号	本体属性	数量（处）	主要代表	年代	保护级别
1	历史古镇、村、历史文化街区	5	佛堂镇	清	国家级
			赤岸镇	清	省级
			大元村	明	市级
			倍磊村	清	市级
			雅端村	清	市级
2	古遗址类	5	大麦园青花瓷遗址	明	市级
			缸窑龙窑	清	市级
3	古建筑类	34	黄山八面厅	清	国家级
			古月桥	宋	国家级
4	古墓葬类	5	朱丹溪墓	元	省级
			骆宾王墓	唐	市级
			倪仁吉墓	清	市级
			冯启昌墓	清	市级
			螃蟹形山墓群	明	省级
5	近现代重要史迹及代表性建筑	19	蒋仲苓旧居	近现代	市级
			朱氏宗祠	民国	—

2.3.2 问题总结

市区内传统记忆空间破坏严重，城市文脉传承出现断裂。

城市快速外拓和内部更新使得传统古城空间以及处于城市边缘的传统村落、建筑被快速的城市建设损毁殆尽。义乌古城的最后一个城门——朝阳门于1980年被拆，留存古城的空间实体现今已不复存在。

遗存较少历史记忆的场所被遗落在城市角落，保存相对较好的西门街也变成城市中心区破败的城中村，无法展示其承载的历史文化和义乌人对于城市记忆的诉求。

总之，现在的义乌传统历史空间遭受严重破坏，不仅使其不能体现出义乌悠久的历史文化，还造成了义乌在城市发展中出现文化断裂，促使义乌显现出"文化荒漠"这一与其经济发展不相匹配的另一面形象。

2.4

城市空间文化
特色营建
紧迫性

通过前文研究可以看到，历史上义乌是浙中地区一个县城，群山环绕、靠水而建，农业经济虽欠发达，但是在文化发展上有其鲜明的地域特征，传统文化积淀丰厚、名人志士众多、遗址遗迹满布市域；古城的建设也与地域环境密切融合而形成其独有特征，在山水格局处理、古城格局、城防体系、历史建筑多个方面取得的成就都有着非常高的历史价值。而进入当代，经济快速发展渐渐掩盖了这些价值丰厚的历史文化资源，城市空间产生非常多的问题，文化内涵渐渐消逝，尤其是在义乌经济发展不断创下辉煌的背景下，城市文化特色虚无成为义乌迫切需要解决的问题，我们需要有针对性地进行城市空间文化特色营建。

义乌人创新敢为、敢于放弃、多元包容的性格特征是促成义乌近三十年能够抓住机遇快速发展最根本的原因，未来文化仍然是影响义乌发展的最主要因素，而在城市文化内涵匮乏的背景下，尊重传统、珍视历史将会成为文化主流，在这种文化主流的影响下，义乌的城市空间尤其是有丰富历史文化资源的老城区在未来的发展中，文化特色的营建将是最紧要任务，将义乌老城区营建成为完整认知义乌、感受义乌文化的核心区域是未来空间更新建设的最终目标。

Chapter 3
第3章

义乌市文化发展
脉络研究

3.1

文化发展历史沿革

3.1.1 史前至秦汉时期

义乌历史悠久，史前文明可追溯至上古时期。根据浙江省文物考古研究所的发掘研究，位于义乌市城西街道桥头村的遗址是一处上山文化遗址，距今约9000年，也是迄今发现的义乌市最早的新石器时代遗址。经过探掘，发现了厚达2米的文化层堆积，并出土数量丰富的陶（片）器和石器。

据《吴越春秋》记载，夏禹第6世孙少康封庶子于会稽，号於越（於音Wu，同乌、无，也作"无余"），建都于句无，是於越（吴越）文化的发源地之一。曾筑有城墙、雉堞。后为越国都城，直至越王勾践兵败后，才迁都于大越（即今绍兴）。义乌地方史志工作者研究认为，春秋句无古城（即越国都城）就位于义乌古城区一带，是稠城建设的源头。

义乌古代有"越右通都"之牌坊（明崇祯《义乌县志》）。其次，县北20里有"越城桥"（嘉庆《义乌县志》）。今义乌境内，仍有诸多与夏文化相关的古地名，如夏迹塘、夏楼、楼夏、夏演（岘）等。此外，从义乌本地出土的青铜矛、青铜剑、青铜钺、青铜镞等兵器，以及2000年稠城市民广场工程中发现的春秋时代的13口古井（砖井、木架井）等遗迹，都佐证了古代义乌可能为春秋越国政治权力中心，因而是兵家争锋之地。

史载义乌最早的事件是战国颜凤"避战乱南行，寓会稽南界，遘疾身亡，其子颜乌负土葬于本境，筑室守墓"。后经汉儒孝义文化推崇，又演化出"群乌助葬"等富有传奇色彩的故事，对后世影响甚大，"颜孝子乌"、"助葬之乌"至今仍传为义乌名称的起源之一。

秦始皇二十六年（公元前221），"以吴越地置会稽郡，治吴，领县二十四，其在浙者，曰钱唐、富春……乌伤，凡十七县"（嘉靖《浙江通志》卷1"地理志"），西汉仍为乌伤县。新莽时（公元9年）改县名乌孝。东汉建武初复称乌伤。曾为会稽西部都尉治。

汉代乌伤县城已发展为一个十分繁华的城市。市民广场建设工地在挖掘取土过程中，发现地下文化堆积层厚达数米，地下城市街道上下叠压三层，瓦砾遍地，其中出土了汉代兽面纹瓦当和铭文砖，

▲ 图3-1　上山文化遗址（来源于网络）

▲ 图3-2　乌伤空丞印（来源于网络）

说明汉代时乌伤县城确实已成为人口密集的繁华城市。

　　秦汉乌伤县管辖范围较今天有很大变化："秦时乌伤一县，得今金华、义乌、永康、武义四县，及兰溪之东北、仙居之西、缙云之北、东阳之西、浦江之南诸乡之地，其治在义乌。"（民国《义乌县志稿》卷2）"今之金华、东阳、兰溪、永康、武义、浦江，在二汉时，皆乌伤之地。"（明《永乐大典》卷2347"义乌县"）故义乌有"八婺肇基"、"金华母县"之称。东汉初平三年（192年）分割西部辖境，设置长山县（即后之金华县，今金华市金东区）。

　　汉时任乌伤令的昔登和当时任新阳乡、上浦乡侯的人名、地名被历史文献记载了下来，为今天研究秦汉时期乌伤县的历史提供了有力的佐证。此外，故宫博物院保存至今的新莽时期的铜铸"乌伤空丞印"，是见证乌伤文明的最早实物证据和浙中地区最早的文字形象。

3.1.2　魏晋至隋唐时期

　　东汉末年中原大乱，北方人口大规模南迁，这不仅增加了当地的人口，也带来了先进的文化和生产技术，促进了江南农业、手工业的发展。江南山区还居住着土著民族百越后裔，称"山越"。山越人出山定居，对江南的开发贡献很大。会稽地处江南，气候温暖，土地肥沃，因此，到汉末和三国时期，农业生产和手工业生产发展迅速。为避免权力过于集中，统治者为削弱乌伤县的实力，"迨后汉初平以降，（乌伤县）始屡有分析，先以西分出金华，继以南分出永康，复以东分出东阳，终以北分出浦江。"（民国《义乌县志稿》卷2）宝鼎元年（266年），析会稽立东阳郡，郡治在长山（今金华），以乌伤县隶之。南朝梁代改东阳为金华郡。

　　六朝时期北方城市的形制基本上仍沿袭汉代的传统，然南方城市规划自东晋以后融入了一些新的文艺思潮，城市街道的规划布局一改以往街衢平直的过分追求，在空间艺术手法方面巧妙地结合地形，讲求含蓄委婉、迂回曲折。当时乌伤县城的建设也应当受到一定影响，依山傍水而建，道路格局并非平直正交。

唐朝初年，为笼络降将，唐高祖大搞设州置县，州县数比隋王朝时多出一倍。武德四年（621年），割乌伤一县，别立稠州，稠州以稠山（德胜岩）而得名。武德六年（623年）分置乌孝、华川二县（华川又名绣川，以绣湖得名）。其中，乌孝县治仍延其旧，华川县城址在县南30里的赤岸（今城山旧址）。然而随着江南的州县数目的增加，不仅加重了政府负担，也不利于政令畅通。于是，自武德七年，又以合并州县的方式来加以调整。在义乌地区的变化则是，废除稠州（义乌），复合乌孝、华川二县为一，并更名义乌县。唐垂拱二年（686年）析义乌县东境设东阳县。天宝十三年（754年），又分县境北部及兰溪、富阳各一部分，设浦阳县（今浦江县）。

从市政府大楼拆迁工地出土的汉唐时期文化堆积层中，可以发现，唐代县治前有城濠，县治位置基本未变（大致在今市政府所在地）。关于唐代义乌县城的城市格局因缺乏直接而完整的考古资料很难描述。根据义乌史志工作者的研究，唐时义乌县城有可能由子城和外城两部分组成，均有外壕。子城内主要为政府机构所在地，有县衙、署廨、六部司局、兵营、住宅、库房以及花园等。外城主要是坊巷、街市、驿馆、寺观以及文庙等建筑。唐代寺观建筑在城市中十分兴盛，这一时期在绣湖原稠州故址建有满心寺，城中北150步有普安尼寺，城市建筑的形式也丰富了起来。

3.1.3　五代至宋元时期

唐末五代时期，相对于北方的频繁战乱，南方战事较少，一些新兴城市得到了较快的发展。尤其是五代吴越国钱镠王统治时期，赢得了较快的发展速度，经济文化地位明显上升。义乌因临近都城杭州，水陆交通便利，许多中原士族迁居婺地，人口集聚，手工业和商业的发展促进了市场和城市建筑的繁荣。

宋代是古代城市发展的繁盛期，无论是城市的数量还是城市的规模都较以往有了较大的发展。北宋时期废除了东汉以来实行的里坊制，拆除了高大的坊墙和坊门，坊墙之处变为沿街的商店。同时还废除了宵禁制度，许多繁华的都市实行通宵夜市。义乌古代文献中有关城市建设的最早记述是在宋代："旧设四门，东曰东阳，南曰绣川，西曰金华，北曰会稽。北宋大观三年（1109年），知县徐秉哲重建。"（明万历《义乌县志》和清嘉庆《义乌县志》）大观四年（1110年），宣和四年（1122年），知县求（《府志》作"裘"）移治重建，南渡后曾6次葺新。南宋开庆元年（1259年），知县赵必升重修城门时添加了望亭，并将东、南、西、北四门分别改名为迎春、翠嶂、绿波、迎韶，不久即废。此外，自宋代开始，位于城西的绣湖一区开始逐渐纳入城市建设中。以官府为主导的疏浚、筑堤、植树等工程逐步开展，包括学校、驿馆、园林、楼观、宗祠等各种类型的建筑也在湖边逐渐出现。

元代，义乌隶属婺州路总管府。元至正十三年（1353年），达鲁花赤亦璘真在金华门（渌波门）建门楼。

3.1.4 明清时期

至正十八年（1358年）朱元璋部攻取婺州，改婺州路为宁越府。至正二十二年（1362年）又改名金华府，明代义乌县隶属金华府。明清仍旧，义乌隶属关系未变。

至迟在明代，义乌县城的格局基本形成。即崇祯《义乌县志》所谓："义乌统观四履，负山而治，堑设天险，层岗盘错，汇以绣川，环以长江，吞吐包络，势若建瓴。"有关明清时期义乌城市空间格局的特征在后文中将有详述。总体而言，明清时期的义乌县城为依山傍水修建的城池，因没有城墙，以山水为防，山水格局成就了城市建设的重要性格；城内区域分为东、南、西、北四隅，共设有七座城门。此七门为历代修葺加固而最终形成。东曰朝阳，南曰文明，西曰迎恩，北曰拱辰，另在东北造卿云、通惠二门，西北建湖清门。

七座城门具体方位及相关风俗如下：朝阳门建在金山岭顶，为辰方门，出东南通东阳县，前有鸡鸣山，城郭筑渡春亭，每年迎春于此；卿云门旧名金麟门，建在县治东北山坡上，为甲方门。出卿云门为通往宁、绍诸郡的通衢，县北重山险峻，途经苏溪，过苏溪桥往北，有岭曰"善坑"，屹若重关，地扼咽喉，为义北之门户，有"一夫当关，万夫莫开"之险，设有岭头铺；文明门旧名南薰门，在南门城南河内，为正南门，前面"稠川如衣带，天马之山如几案"；迎恩门在今西门街口附近，国有诏书至，从此门入，路通金华。出城门一里有"社稷坛"，又五里为"卿才发轫坊"；湖清门今仍存地名，城门在县治西北约百步，为乾方门，绣湖迂曲绕其西；通惠门今仍存地名，旧名小槐花，为艮方门，出外不通干道；拱辰门在今北门，旧名大槐花，为亥方门，北倚崇山，势若屏障，通往浦江的官道经此。

3.1.5 民国至建国初期

辛亥革命后，废府制代以道制，义乌属金华道。1927年废道制改为省县两级制，义乌直

属浙江省。后设行政督察专员公署，义乌属金华专区或浙江省第四
专区。1949年5月8日义乌解放。新中国成立后，义乌属金华专区。
1959年浦江并入义乌，1967年仍析出。

民国元年（1912年），县城废四隅，设河东、河西二里。民国23
年（1934年）城区设稠城镇，随着杭江铁路、义东公路建成通车，
火车站、汽车站所在的小三里塘村逐渐纳入城区。随着现代交通业
的发展，商贸活动逐渐发达，义乌城市规模开始扩张。

3.1.6　改革开放至今

1988年撤销义乌县，设立义乌市（县级）。与撤县设市同步进行
的是义乌城市的大规模现代化建设。自20世纪80年代以来，义乌从
"小城市"、"中等城市"快速发展为"国际性商贸城市"。城市建设
区面积逐年扩大，根据《义乌市城乡建设志》相关统计，自1988至
2005年，中心城区面积从2.5平方千米，扩张至55平方千米，17年增
长了22倍。

3.2
文化发展脉络

3.2.1　市井、聚落、文明的形成

1. 秦汉之城市遗迹：城市聚落发展之起源

义乌商业之源头可从2000年稠城绣湖广场工程中发现的春秋时
代的13口古井（砖井、木架井）说起：

"古者未有市，若朝聚市汲，共汲水，便将货物井边买卖，故曰
市井。"（《史记正义》"卷三十""平准书第八"）

"俗说市井者，言至市嚣卖，当先于井上洗濯，合物鲜洁，然后
市，二十亩为井，今因井为市"（《风俗通》）；"因市为井，俗说市
井，谓至市者，先当于市上洗濯，其物香洁，及自到市，乃更整饰
也。"（《白虎通》）

因此，在古代常把市和井联系起来，称市为"市井"，市井交

易是商业的滥觞。这些城市遗迹是古代城市文明起源的证据，也是古代城市中商业行为的印记。

2. "乌"、"婺"的商业内涵

义乌文明的"名片"称谓有："八婺肇基"、"越中首县"、"乌伤文明"、"越中文化"、"小邹鲁"、"东南文献之邦"、"婺学"等等，其中，乌伤文明是金华古文明和越中文化的源头。而细考"乌"之字意本源，能发现关于义乌文明起源的文化象征意义：

在义乌文明早期的神话传说中，"乌"是一种图腾崇拜——商乌，即三足乌，俗称冶乌、赤乌、金乌，多产于越地深山，雄者天明即啼，形似雉鸡，也称锦鸡、金鸡鹳鸡、吐绶鸡。因其颈部有绿绶囊，伸张出来时长阔近尺，远观如一足，谓之三足乌，是越人崇拜的图腾乌。义乌晋代墓葬中出土的西晋谷仓罐上也堆塑有飞乌的图案。古代乌伤之地的东夷部族是把太阳和鸟神崇拜联系在一起的，义乌自古便有"金乌载日"之说，义乌方言至今仍称日为乌，如乌阴代表太阳落山，太阳升起叫"日头乌上来"。乌者，太阳也，商者，鸟神也。因此，从义乌文明的历史地理和图腾崇拜（太阳——鸟——乌——商）中，可验证其深远的商业文化象征意义。

在春秋时期，计倪游于吴、越、楚之间，从事商品买卖，"以渔三邦之利"。越王勾践被俘返国后用其计，定下了"农本俱利"、"货物官市"等兴农利商的基本国策，"三年五倍，越国炽富"；越大夫范蠡则将经营商业付诸实践，认为应当"贵出如粪土，贱取如珠玉"，还提出"水则资车，旱则资舟"的"待乏"原则运用到商业中（《越绝书》、《国语·越语》），也体现了越中文化中的早期商业思想。

3.2.2　佛教、商业、人文景观的发展

秦汉之后，义乌的发展进入了新的阶段，自南北朝开始，文献中开始出现修建佛寺的记载，在市井文明的基础上，出现了宗教文化和相对应的人文景观建设，形成了带有义乌特色山水文化的寺院人文景观和商业—山水—文化和谐统一相融的空间模式。

1. 以佛教建筑为题材的人文景观的构建

佛教自汉代初传中国，南朝宋、齐、梁、陈各代帝王大都崇信佛教，佛教在南方地区发展迅速，并一直延续至今。唐宋时期，义乌县各地及稠城内大兴佛教寺庙建筑，较有名的有圣寿禅寺、崇福寺、静居禅寺、瑞峰寺等。到清代，据清嘉庆七年（1802年）修的《义乌县

志》18卷《寺观》记载，全县寺观（庵）共计91处，另有道观庵61处。解放初期统计，义乌县境内共有寺17处，庵13处。其中：梁朝建的有云黄寺、双林寺；唐朝建的有五云寺、萧皇岩；宋朝建的有圣寿寺、铜山岩、海云寺、德胜岩；元朝建的有回龙寺、赤山寺、仙山寺；明朝建的有畈田朱经堂、禅明寺、白雀寺；清朝建的有胡公殿、龙德岩、太宁庵。其中，以云黄寺、双林寺的历史最为悠久。香山寺位于东河乡夏迹塘村西北，建于南梁，供奉达摩禅师。寺后山麓有一座古墓，传为一处极好的"风水地"，由此引发诸多历史掌故。双林寺位于我县合作乡的云黄山（又称松山）山麓，始建于南北朝（《双林寺考古记》）。元朝助重修双林禅寺原先铭云："双林寺者浙水大刹也"，黄晋卿学士诸如公宝林疏云："道眷双林胜境，犹存十刹旧名。"明佚名氏选重修双林禅寺序云："乌伤上游，古刹双林，在震旦国中，称庄严第一。"清许乾重修林铁塔记云："双林寺宇，号称天下第三，江浙第一。"由此可见双林当时之盛况。

2. 商业和宗教的关系

南北朝时期，随着佛教的兴盛，寺院经济也跟着兴盛起来，南朝梁代傅翕《双林傅大士语录》"卷一""一页"记载了一段双林寺著名尊宿傅大士为营设大法会解救众生鬻妻以及妙光勤于纺绩雇人租用、傅昉质妻换米以供养佛的故事，是义乌最早的具有商品交易性质的历史记录。

3. 小规模水利景观工程建设

唐宋之间，婺州地区开展了以陂塘为中心的小规模水利工程建设，如绣湖广袤九里三十步，可灌溉面积1500亩，有十里华川之谓，且历代县令都很重视对绣湖的疏浚，他们建斗闸，固堤防，架石梁，浚壅塞，使绣湖惠及于民，促进了当地的农业生产。再如蜀墅塘，南宋淳熙年间由邑人王槐修筑，周围三千六百步，溉田六千亩，又说溉田三万亩。

3.2.3 义乌模式的形成及渗透

唐末至五代时期，相对于北方的频繁战乱，南方战事较少，一些新兴城市得到了较快的发展。尤其是五代吴越国钱镠王统治时期，得到了较快的发展，经济文化地位明显上升。义乌因临近都城杭州，水陆交通便利，许多中原士族迁居婺地，人口集聚，手工业和商业的发展促进了市场的繁荣，城市建设也得到较高水平发展。

1. 因地制宜的城市建设

义乌城区稠城，集黄蘗山买绵延南奔之势，绣湖澄碧，四山宫环之形，其选址之理念历代义乌方志均有记载。城市的建设按照城门、城墙、街巷逐渐细化、深入，既有官方营城制度之骨架，亦有民间因地制宜之变通。

南宋开庆元年（1259年），知县赵必升重修城门时添加瞭望亭，并将东、南、西、北四门分别改名为迎春、翠嶂、绿波、迎韶，不久即废。嘉靖三十一年（1552年），"倭寇掠境，邑令曹公（司贤）虑无城池，欲先筑各门以守。高（朱孟高，字庭汉）即倡捐资，鸠工伐石，筑湖清一门。巡按胡公、巡道王公、守道郑公皆奖之。"（嘉庆《义乌县志》）康熙十三年（1674年）秋，山寇炽县，义乌无城墙可守，断新吴桥以御。寇平后，知县辛国隆甃石饬之。

明清时期，稠城的规模稳定在周回三里左右。

稠城传统建设布局，衙署居中，坛庙等处形式之要、其他建筑依山傍川，居民则分散于街巷之间。县治稠城，有城守之名，而无雄蝶之迹，城市旧凡四隅，谓之东、南、西、北四隅，共六坊，每坊一图。嘉靖二十二年（1543年）增加为六隅，而隅亦不复管都矣。居民区由巷道隔开，巷道也并非绝对的横平竖直，均依地形地势而加以变通，不做强求。从明万历《义乌县志》卷1"义乌县志图"上看，县城街巷布局不甚规整，街道大致呈"兀"字形，县前为正大街，通往南薰门；前左为东大街，也称金山岭顶大街，通往朝阳门；右为西大街，通往湖清门直街。湖清门直街与正大街平行，后世被称为朱店街，朱店街一直向西延伸至上市街（即西门街），通往迎恩门。

2. 独特商业模式和空间形态的形成

义乌独特的商业模式最初体现在以佛堂镇为代表的乡村经济体以及在此基础上形成的古民居、古桥构成的人文聚居景观，佛、商、秀美的人文商业空间形态模式形成，并由城市向乡间渗透。

3. 始于明代的发展脉络

义乌是浙江中部的交通中心，自明代以来商业已经比较发达。明代义乌的商人应有一定比例："男子服耕稼，妇女勤织纺，商贾胃鱼盐，工习器械以利民用。"（万历《义乌县志》）

明中叶起，工商业集市崛起，涌现出许多商业集镇和商埠。据明万历六年（1578年）的《金华府志》记载，义乌县有市13个。明万历二十四年（1596年）的《义乌县志》记载，义乌有集市16个，分别是湖塘市、上市、青口市、念（廿）三里市、江湾市、洋滩市、光明市、野墅市、赤岸市、倍磊市、苏溪市、八里市、查林市、卢砦市、双林市、花溪市。《嘉庆义乌县志》卷一《乡隅》载义乌共有29市3镇，比万历时期的12个市集增长一倍多。

从明末到清中叶，义乌市集多有兴废，但增长非常显著，例如，上市（西门街）、倍磊、廿三里、赤岸、江湾、野墅等市，至今仍存老街，大体保持着明清时期市井的风貌。

4. 主要流动商道

义乌的商道主要有三，一是至宁波旱道，从东乡过东阳；二是赴苏杭大江水路，从南乡过金华、兰溪等处；三是赴临、绍小江水路，由北乡过诸暨等处。

清代新增加了3个镇，分别处于东乡至东阳、北乡至诸暨和南乡至金华、兰溪的三条商路上，从而形成了以县城为中心、以三条商路上三镇为纽带的分层次的市场结构。其中佛堂镇位于东阳江流域南江和北江交汇的下游，义乌和东阳的商品，尤其是两县南部的商品多集中于此，通过水路运往外地，因此商业繁荣，市集分上市、下市。其地"南负云黄，北临大溪，跨以浮桥，船只泊岸如蚁附"。但1931年杭江铁路通车后，佛堂镇商业渐转衰退。传统"义乌模式"逐渐淡出历史舞台。

3.2.4 开创城市新格局

义乌的"小商品市场"模式的新商业格局，是以"敲糖帮"为起源和特色的，细考义乌小商品市场兴起的历史根源，据《义乌县志》记载，1979年初，来自廿三里、福田两乡的10多副敲糖担在稠城镇县前街歇担设摊，出售一些针头、各色纽扣、小玩具等小百货及板刷、鸡毛帚等家庭副业产品，获利尚丰，仅半年时间，增至100多户。1980年移至北门街摆摊经营，仍以批发零售兼营。1982年上半年，市场由北门街移至湖清门街，继而向新马路北段延伸；摊位由1980年的124个增至320个，经营方式也转为以批发为主；1982年9月，县委、县人民政府决定正式开放小商品市场，来场设摊经营和交易者日增，1983年摊位由1982年的705个增至1027个。从此小商品市场在政府部门的支持和引导下，迅速发展壮大。

义乌小商品市场是在社会分工和生产专业化的推动下兴起的，这种模式是市镇经济向现代市场经济转化的一种典型，在这种转型中，义乌的城市建设也开创了新的适应新经济模式的格局，并随着交通方式的改变，形成了今天东北—西南带状发展的趋势。

3.3

文化特征梳理

3.3.1 以史前文明为源头

根据近期的考古成果，在义乌市城西街道的桥头村发现了新石器时期人类的遗迹。这些遗迹将义乌市的历史上溯至9000年前。桥头遗址经浙江省文物考古所调查勘探，其文化层堆积厚度达2米，并出土了数量丰富的陶（片）器和石器。石器有磨盘、穿孔器、石刀等。桥头遗址为上山文化晚期遗址，但其彩陶具备了跨湖桥文化彩陶的基本特质，是跨湖桥文化的重要源头。

3.3.2 以秦汉古县为基础

义乌古称乌伤，始建于秦代，虽然相关文献记述较为简略，但根据考古文物的发掘情况可以判断出，秦汉时期的乌伤古县已经是非常繁华的城市。故宫博物院保存至今的新莽时期的铜铸"乌伤空丞印"，是见证乌伤文明的最早实物证据和浙中地区最早的文字形象。三国时东吴名将骆宠就是义乌人，骆宠后人归隐绣湖，唐代大诗人骆宾王就是其后代，此时的乌伤古县已更名为义乌县。沿及宋元明清，义乌县城的位置未有变化，城市建设逐渐发展成熟。直至今天，古城区仍然是义乌城市发展建设的中心。

3.3.3 以孝义忠勇文化为精魂

义乌自古有着孝义忠勇的文化传统。从战国的颜孝子乌到宋代抗金名将宗泽，从明代抗倭的义乌兵再到近代义乌的文化三杰，都贯穿着义乌人崇尚孝义、勇敢忠诚的精神。战国时期，孝子颜乌的事件经后世历代传演，逐渐成为义乌文化内涵的重要部分，至今仍被奉为义乌名称的起源之一；宋代抗金名将宗泽是婺州义乌人。北宋末至南宋初年，本以文官出身，救国于危难，屡建战功，并任用岳飞等一批抗金将领，多次上书高宗赵构，力主还都东京，并制定了收复中原的方略，均未被采纳。因壮志难酬，忧愤疾卒；明代嘉靖三十八年（1559年）戚继光的戚家军成军于浙江义乌，总兵力

▲ 图3-3　戚家军（来源于地方志）　　　　▲ 图3-4　鸡毛换糖（来源于地方志）

4000人，主力是义乌农民和矿工。自成军起，大小数百战未尝败绩，建立了不朽功勋，在当时被称为"兵样"，后来又有成千上万的义乌人应征入伍。在近代民族革命的进程中，义乌也出现了著名的爱国民主先驱，包括著名史学家吴晗，原名吴春晗，是义乌人，是我国杰出的历史学家、明史专家、爱国民主斗士；我国左翼文化运动领导人之一冯雪峰，也是浙江义乌人，他是优秀共产党员，著名的无产阶级文艺理论家、鲁迅研究专家、诗人、作家；还有，五四新文化运动的积极推动者陈望道，原名参一，单名融，字任重，笔名有佛突、雪帆、晓风、张华等，是我国现代著名的思想家、社会活动家、教育家和语言文学家。

3.3.4　以商埠文化为特色

南宋时期，杭州是南宋都城，市镇经济发达，地处中部丘陵地带的义乌，依托当时的水运条件，也陆续出现了一些市镇，这些商埠中最有名的就是古镇佛堂。明清时期，佛堂开始聚集徽商、龙游商，凭借义乌江与外埠通商。这可以当地所设的新安会馆、绍兴会馆等为证。几百年的繁华让佛堂当地的大户盖起一幢幢大院，文化的交融使其汇聚了各种工艺的各种流派。义乌深厚的商贸文化，与义乌江畔的商埠文化有着直接的关联。因此，从明末清初就开始有经商传统的义乌人，在改革开放中能够抢得先机，终成气候，且蔚为壮观。

3.3.5　以书院文化为神韵

义乌古代之书院，在宋代，有东岩书舍、滴珠书院、讲岩、石门书院等。元代书院发展缓慢，宋时林立的书院多数泯灭，新建的书院不多，仅有五云书院、华川书舍、景德书院等。明代书院又极盛一时，有杜门书院、釜山书院、齐山精舍、钟山书院、纯吾书院、绣湖书院、葛仙书院、石楼书院等。清代书院主要为举业而设，常沿用官学方式管理生员及教学、考试成例。有紫阳书院、淑芳书院、延陵书院、伯寅书院等。清末，废科举兴学堂，书院随之名废。书院讲学内容以儒家经学为主，学生学习"四书"、"五经"，亦旁及史书诗文。元代，书院渐趋官学化，至明清，教学内容须经官府批准，根据科举考试要求，教授学生熟读"四书"、"五经"，学八股文，同时学习制艺贴经及诗赋，以备应举。但学术空气仍然较浓。书院主要是自学，采用个别钻研，互相问答与集体讲解相结合。书院一般授课每月二、三次，以"山长"、师席讲学为主，有的地方官员亦到书院授课。生童的作业称"课艺"，定时考试称文会。明清时，书院考试有旬考、月考、季考。旬考由山长主持，月考、季考由学官主持，并有奖惩。

◆ **历代主要书院一览表**　　　　　　　　　　　表3-1

年代	宋代	元代	明代	清代
书院名称	东岩书舍 滴珠书院 讲岩书院 石门书院等	五云书院 华川书舍 景德书院等	杜门书院 釜山书院 齐山精舍 钟山书院 纯吾书院 绣湖书院 石楼书院等	紫阳书院 淑芳书院 延陵书院 伯寅书院等

此外，在义乌丰富的文化内涵中还有居士文化、中医文化等独特的类别。居士文化指南朝时乌伤居士傅大士，《续高僧传》称傅弘，又称善慧大士、鱼行大士、双林大士、东阳大士、乌伤居士等，东阳郡乌伤县（今浙江义乌）人，是南朝梁代禅宗著名之尊宿、义乌双林寺始祖、中国维摩禅祖师，与达摩、志公共称梁代三大士。中医文化指元代义乌人朱丹溪，是我国医学史上一位卓越的医学家。他以"相火论"和"阳有余阴不足论"医学观点为核心，探索了人体的生理特性与养生的奥秘，提出了养阴保精、去欲主静的养生方法，为金元四大家之一。

通过对义乌文化发展脉络进行梳理，将义乌历史分为史前至秦汉、魏晋至隋唐、五代至宋元、明清、民国至建国初期、改革开放至今六个阶段进行分析，研究文化发展脉络，总结出义乌城市文化有以史前文明为源头、以秦汉古县为基础、以孝义忠勇文化为精魂、以商埠文化为特色、以书院文化为神韵五个特征。通过研究，我们对义乌整体的发展史有了明确的把握，对义乌源远流长的历史文化有了清晰的认识，为下一步研究义乌城市空间发展提供了基础。

Chapter 4
第4章

义乌市空间发展
脉络研究

4.1

空间发展历史沿革

4.1.1 明清之前义乌城市空间发展

由于时间久远，文化遗存的缺失，若想了解明清之前义乌城市的整体面貌已十分困难。但从现有的文献记载中，从出土的文化遗迹里，仍可以找到明清以前义乌古城空间发展的一些线索。

义乌建城历史的久远度毫无争议，然而其城市的始建年代已无从考证。根据义乌市史志工作者的相关研究成果，义乌城的建设始于春秋时期，距今已有3000余年的历史。

秦汉时期的乌伤县城，是目前文献可考的最早城池。在市民广场工程中曾发掘出古乌伤县城遗址，其中有大量秦汉时期的古井和建筑遗迹，可证明稠城秦汉时已发展成为人口十分密集的中心城市。历东晋南渡，南朝经营，至隋唐五代，随着经济繁荣、人口增加，乌伤县城市规模有了较大发展，从唐代"设县为州"与"分县而治理"可见一斑。宋代是我国古代城市发展的繁盛期，随着里坊制的

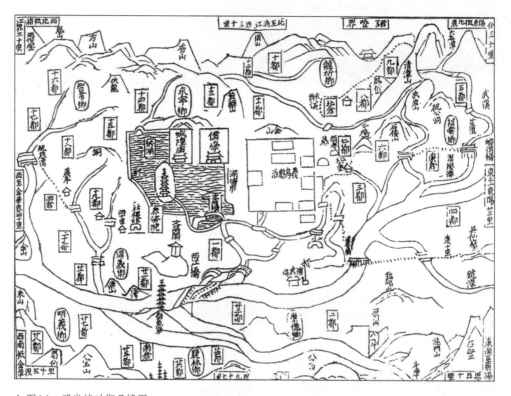

▲ 图4-1 明崇祯时期县境图

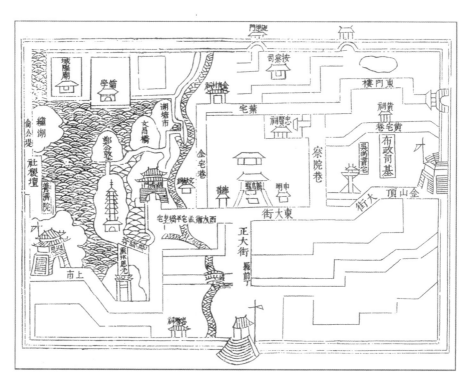

▲ 图4-2 清康熙时期县治图

▲ 图4-3 清嘉庆时期县治图

废止，城市的功能和空间格局发生了巨大变化，城市商业经济尤其发达和繁荣。义乌县城的经济活动更为灵活，除沿街店铺外，也出现了边走边卖、走街串巷的流动商贩。城市建筑的类型也发生了空前的变化，除了衙署、尉所、仓廪、库房、狱禁等政府机构，其余如住宅、宗祠、商店、酒楼、儒学、文庙、驿馆，以及寺院、道观、园林、庙宇、塔幢等。绣湖畔除祭祀宗祠和宗教寺院外，也出现了亭台楼阁、驿馆书院等景观和文化性质的建筑，逐渐形成与古城区紧密相关的公共园林区。至迟在明代时，义乌城市格局已大体成型。"今统观四履，负山而治，堑设天险，层冈盘错，汇以绣川，环以长江，吞吐包络，势若建瓴"（明万历《义乌县志》）。

今天，根据相关文献记述、现存古代建（构）筑，以及历史街巷、河道的走向，大致可以将义乌明清时期方志舆图、民国时期的规划图与现代义乌卫星遥感影像相叠合，形成"义乌历代城市地图信息叠合图"（简称叠合图）。在这幅叠合图（图4-5）中，我们可以直观地看到古城的大体规模、古城的平面轮廓，当然也可以在图中大致标绘出一些已经淹没在城市改建中的标志性建筑和景观节点。下文将从各个方面分析明清以来直至民国时期，义乌城市空间发展的情况，以期总结出义乌城市空间所独有的特征、气质和内涵。

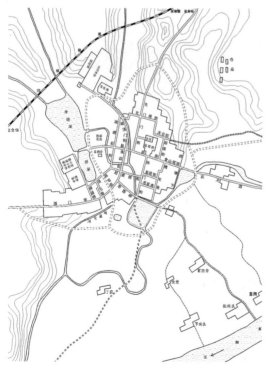

▲ 图4-4　民国时期义乌城区图

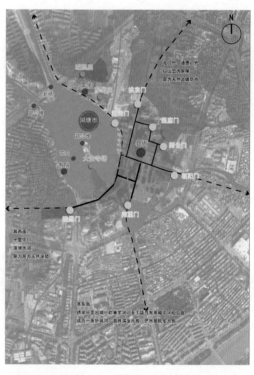

▲ 图4-5　叠合图——古城区平面示意（自绘）

4.1.2 明清时期城市空间发展分析

1. 传统山水空间格局特征

城市文脉要素中，山水环境是其中最基础的，也是城市文脉的空间框架。义乌市域范围内的山水形胜大致是"七山二水一分田"的比例，东南高而西北低，城市所在区域四面环山，负山面阳，符合中国古代城市选址的传统规律。

按照经典风水理论，环绕在城市周围的山脉，较重要的有父母山——蟠龙山，其分支马鞍山、洪堂山、黄蘗山等诸山，迤逦环绕义乌市域北部，其中黄蘗山一直延伸至城北，为义乌主山，城市北面的这些连绵群山为城市构成了层次丰富的天际轮廓线。东有象山为护山，南面所对天马山为案山。

义乌的水系主要体现在主河流水系和市域内分布了广泛的湖、陂、塘。河道不宽，水网密布，历史上早已发展了成熟的陂塘灌溉体系。这种小而密、河塘结合的模式，一方面，对于今天中国城市化进程中城市内涝频发的现象提供了很好的历史经验，另一方面，历史上围绕这些水系形成了许多重要人文景观核心，最著名的莫过于城区的绣湖和蜀墅塘。前者是城市内重要的人文景观核心，包含农业灌溉、生活用水、观赏游览等城市生活功能，后者是因灌溉而建的水利工程，也促成了乡间人文景观的建设。

在此自然山水的骨架基础上，古人构建出义乌传统山水轴线，形成了"远山盘错·近山

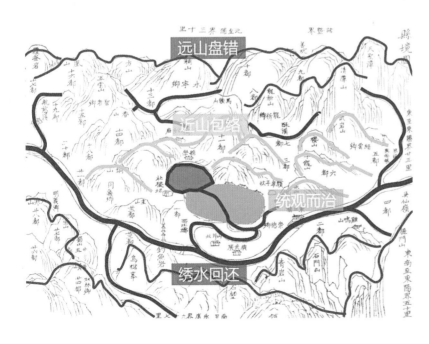

◀图4-6 义乌"山·水·城"空间体系示意图

包络·绣水回环·统观而治"的山·水·城空间观念和空间体系。在这样的空间体系里，义乌城北依山麓，西带绣湖，前左为濠，南有沟水，民舍为郛，形成了山环水抱、因地制宜、小巧宜居的老城格局。在周回三里十五步的城中，既有以稠山等自然山体构成城市天际线，又有以绣湖等大面积水体构成城市中心景观，同时，还有古人精心营建的塔、楼等城市标志建筑构成城市制高点。

2. 明清城区的大致范围

康熙《义乌县志》中，对义乌古城的规模有一定描述，即"有传城址周三里一十五步"，一般情况下，当城池平面轮廓为近似方形的时候，我们可以根据这一长度概念大致判断城池的面积（规模）。从前文分析可知，明清时期的义乌古城是沿湖分布的狭长形态，并且在绣湖山水间也布置着县学、孔庙、驿站等重要公共建筑，而绣湖周边隙地也建有民居庭院和园林馆舍。转言之，绣湖已经成为城市建设区的一部分，在明清时期甚至成了除县署外最重要的公共活动区域。因此，在确定古城区规模时，可以将绣湖纳入其中。当然，在对叠合图进行标绘和测算之前要首先要明确的是：标绘区域的边界并非真实的古城建设区，而测量出的数值只能帮助我们描述古城区的大致范围。

在此基础上，我们可以对叠合图进行标绘，如图4-7所示，当我们把绣湖水面及其周边建设纳入建城区时，正好形成近似圆形的区域。借助网络科技，通过对卫星图片的测量，可以得出这片区域的面积约为52公顷（半径为408米）。当然，如果去掉四分之一的水域面积，建设区大概为39公顷；如果去掉二分之一的绣湖及周边地区面积，可以得出传统意义的城区规模约为26公顷。

3. 古城形态

陈正祥先生在《中国文化地理》中将中国古代城市的平面轮廓分为三种形式：第一，正方形。一般见于平原地带，是中国城市的传统形式；第二，不规则形，或称自然形。一般位于丘陵地带，常常因就地势而建；第三，圆形。多分布于南方地区，出于特殊的防卫目的。

康熙《义乌县志》如此记述了义乌县城的空间特征及其规模："县自始建来，未有雉堞之迹，《旧志》称：北依山麓，西带绣湖，前左因地形为濠，民庐之滨濠而居者十有三。今四围以民舍为郛，南有沟水，分自绣湖。有传城址周三里一十五步，然不纪兴筑为何代。"然而，随着近代义乌城市建设的快速变迁，古城形态已经完全淹没在一栋栋水泥楼宇之间。如今，我们只能借助叠合历史舆图的方式，大致了解明清义乌城市的平面轮廓和空间特征。

仔细读图，我们可以清晰地看出，正如县志所描述，明清义乌县城轮廓与周边山水形势

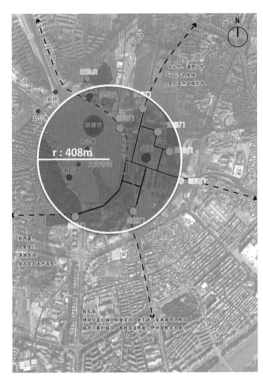 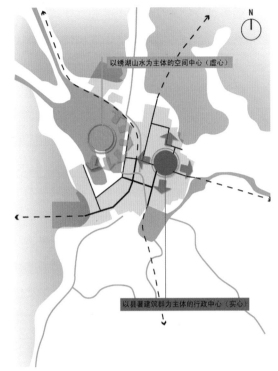

▲ 图4-7 叠合图——古城区面积示意（半径408m） ▲ 图4-8 虚实双中心的空间结构

有着紧密的关系，即城市建设区的平面轮廓顺应了"北山、西湖、东南江河"的天然地势，整体"自东北向西南，围绕绣湖（华川）水面，呈弧形狭长分布的自然分布形态"。而这一平面轮廓，将绣湖山水纳入城市建设中，影响着古城的空间格局。

4. 空间格局

根据史料，明清时期，义乌县城的街道大致呈"兀"字形，居民区则由巷道隔开，巷道也并非绝对的横平竖直，均依地形地势而加以变通。

从叠合图中可以清晰看出古城街巷的格局：围绕县衙周边的街巷，较为平直，呈垂直交叉状，但非南北正交，而是与城市整体轮廓相应，沿东北—西南方向有一定偏角，而围绕绣湖周边的街巷，尤其湖清门街—朱店街—西门街，则是沿湖面呈弧形放射分布。这样的街巷格局，隐约体现了义乌古城的双中心结构。第一个中心是正居城北的县衙，这是古城的行政和管理中心，此中心是一组对称的建筑群，我们可称其为"实心"；另外一个中心则位于城西的绣湖，从城市整体轮廓和街巷体系来看，这是古城空间结构的中心。根据上文分析可知，自宋代以来，绣湖山水间建设有县学、孔庙、书院、园林、驿馆、寺院、祠堂等文化性、服务性、宗教性、祭祀性公共建筑，到明清时期，绣湖周边已经发展成为古城重要的公共活动场所，是古城的文化休闲和精神信仰之中心，此中心一片自然山水，可称为"虚心"。

5. 绣湖——文化之圣地、精神之家园

绣湖山水不仅对义乌城市建设有着重要的影响，更以其悠久的历史、璀璨的文化，被历代的义乌文人视为心中的圣地、精神的家园。与古代中国"黄河水清，圣人出，天下太平"的思想（晋王嘉《拾遗记》）类似，在义乌也将文运的昌盛寄托于绣湖山水的变化，"绣湖清，出状元"的说法从宋一直延续到明清。学宫、孔庙设于绣湖之滨、通往学宫的城门为"湖清"门，都与绣湖文化传统相关联。

绣湖山水之胜，让文人们创作了大量诗文赞颂，这些作品记述了绣湖山水曾经的景象和韵致，为我们追溯义乌城市文脉提供了最感性和最直观的素材。

自三国时期开始，历唐宋明清，很多文化名人在绣湖之滨修建宅园馆舍。

6. 绣湖山水景观的变迁

绣湖原为县西一片自然的水域，自北宋年间始筑堤修闸，逐渐成为游览之胜地，宋大观三年（1109年），知县徐秉哲筑堤以通往来，在绣湖中心之柳州建寺。宋代之后，元明清以来，随着气候的改变、城市建设的开展，绣湖淤积渐重，前后共浚治15次，其水面规模及形态也逐渐发生着改变。至迟到明代末年，已在绣湖边缘积淤的滩涂，形成了湖塘市（"湖塘市：在县西五十步，儒学西。"万历《义乌县志》）。元代以来，几次重要的疏浚筑堤工程，成为影响绣湖山水景观的关键。

元代达鲁花赤亦璘真在任期间，曾浚绣湖以兴水利，"绣湖堤废，则重筑其东堤而植莲其中，并湖之民赖其利焉。"（明·王祎《王忠文集》）

明洪武十一年（1378年），知县孔克源集八乡二十八都之民，量地定徭，劝民浚筑……将浚湖之土堆积，因名"孔公墩"（即柳州花岛，在原供销联社一带），复湮。弘治九年（1496年），知县郑锡文募民浚治，周围筑堤，间插桃柳，修石闸以时启闭，各所浚土，封于湖中，树松其上，以杀水势，因名曰："郑公墩"（原义乌中学操场南部一带）。万历间（1573~1620年），知县俞士章令沿湖居民累石筑堤，以防侵占，后称俞公堤（原义乌师范、义乌电影院一带）。

清康熙三十年（1691年）九月，知县王廷曾倡浚绣湖，画方起土，因高就下，以渐施工，"东南各有斗门，酾以二渠，疏为三，以达于田。"（康熙《义乌县志》卷之八"水利"四页）。自乾隆以后，罕见有疏浚绣湖的记载，这主要与乾隆时期义乌人口的快速增加有关，

人多地少的矛盾日益突出。再者"绣湖清，出状元"的思想观念到此时日益淡薄。自此以后，绣湖日益淤积，几成平川。（康熙《义乌县志》："（绣湖）岁久淤积，内潴甚浅，稍旱即竭，先儒所谓：'不有浚之，化为平陆矣'"）今天位于义乌市中心的绣湖水面，不足原来面积的五分之一，俯瞰去犹如水泥楼群间一泓碧潭。

7.　围湖修建的重要建筑群落

文教建筑：华川书院、义乌学宫、绣湖社学、绣湖书院；

园林馆舍：北宋庆云阁、明初王祎华川书舍、明万历间陈思宅园；

宗教建筑：满心寺、大安寺、城隍庙；

景观建（构）筑：宋代赏游之处二十四、元时绣湖八景、明清绣湖八景、花岛红云之阁；

▲ 图4-9　大安寺塔

祠堂建筑：黄文献公祠、宗忠简公祠。

驿馆（站）建筑：绣川驿（德星堂）、常平仓。

4.1.3　民国时期至建国初期（改革开放前）义乌城市空间发展概述

根据前文人口规模的分析，义乌古城的建设规模在民国期间未有大的变化，但民国期间的现代交通和战事，成为影响城市空间格局发展的要素和事件。

清末民初，湖清门和北门街逐渐有店铺。浙赣铁路通车后，稠城商人集资兴建北门街至火车站人力车道。北门街成为主要出入道路，日渐繁荣。

民国35年后在湖塘东一带兴建了与朱店街平行的新马路，同时将县前街延伸至新马路。

建国初期，义乌是一个以稠城镇为中心的传统商贸小城，发展非常缓慢。与前文民国的空间格局基本相似，但建国初期的工业发展，成为影响城市空间格局发展的主要因素和事件。

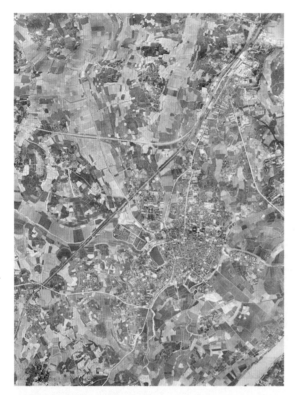

▲ 图4-10　20世纪70年代义乌城区卫星图

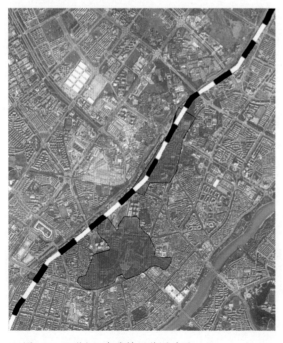

▲ 图4-11　20世纪70年代城区范围对照

建国初期，1950年10月，义乌第一家国营企业创办；1951年10月，义乌第一个手工业生产合作社创办；1952年，义乌第一家公私合营企业创办；至当年年底，义乌有工业企业（大作坊为主）68家，工业总产值1221万元，比1949年增长1.18倍。

截止至1976年，集体所有制企业工业产值2158万元，占全县工业总产值的39.69%。而在这10年中，全民所有制企业仅增加3家，产值年均递增17.6%的速度。

总之，建国初期义乌的工业化水平处于较低的阶段，过去以家庭关系为基础的民营经济产业集群在空间布局上呈分散化的特征，在空间功能上表现出产业与居住功能的混合，城市空间基本上表现出单中心结构。

4.1.4　改革开放以后义乌城市空间发展概述

改革开放以后，义乌在应对市场经济的发展时抓住了一系列的机遇，进入了跨越式发展阶段，其城市建设用地面积扩张迅速，从小城镇发展到了小城市进而成为中等城市，目前正向综合性大城市迈进，在这个过程中，义乌的城市空间也在迅速发展着，主要可以概括为以下三个阶段：

1. 初始发展时期（1982~1991年）

随着1982年第一代小商品市场在湖清门的开放，义乌县城地区围绕绣湖完成了点状中心的形成阶段，各类城市用地也以绣湖为中心展开，建成区面积仅为2.5平方公里。1991年，义乌的建成区面积扩大到6.44平方公里，增长率为150%。

这一阶段的城市结构，为老城区和市场发展区，城市在老城区的基础上，形成了小商品市场，且小商品市场逐渐辐射到周边用地，从而扩张了城市用地，形成单中心圈层式形态。

（1）市场建设之三代市场——填充主城中心

第一代市场：1982年9月5日，义乌稠城镇湖清门百货市场正式开放，设摊位700个，同年交易额为392万元。

第二代市场：1984年新马路市场建成，占地35万平方米，设1800个摊位，同年交易额达6190万元。

第三代市场：1986年9月20日，城中路市场竣工开业，设4096个摊位，占地44000平方米。

义乌市场发展的初期，市场群体普遍小而且分散，空间上主要集中在稠城街区，后经政府"划行归市"，小商品市场逐渐专业分工。

这三个市场的建立，形成了城市空间的发展框架，提供了发展的方向。城市不断沿着市场的发展而蔓延，市场带动了周边产业的发展，城市随之扩张，总之这一过程不断循环往

新马路小商品市场 ①

城市中心

湖清门小商品市场 ②

③ 城中路小商品市场

绣湖

20世纪80年代义乌城市外轮廓线

◀图4-12　20世纪80年代义乌城市空间范围

复，这就是义乌城市空间的初级发展时期。

（2）行政区划分空间分割

稠城镇位于义乌县域的中心地带，一直以来就是县治政府所在地。从20世纪80年代开始，义乌开始大规模城市建设，建成区面积不断扩大。为适应城市化发展，将农村型行政管理模式转变为城市型行政管理模式。1988年5月，撤县升市。1992年撤乡，城区向外部扩展，随着城区的扩展、原有乡镇的融合，街道办事处占整个市域的面积越来越大，达到了37.5%。促进了城区空间与过去周边乡镇空间的融合，原来各镇相对独立的功能不断弱化，围绕基础设施的建设与城市功能的发展，作为城市内部功能区块的分工与联合的作用被不断强化。

2. 快速发展时期（1992~2000年）

1991~1992年，义乌建成区面积从6.44平方公里增加到11.5平方公里，增幅达到78.6%，超过了24年来14.6%的平均水平，自此，义乌的城市空间跨入了高速增长期。该阶段可分为两步：第一步为内核心填充，第四代小商品市场的建立，给城市内部的更新与发展提供了动力；第二步为外围的扩张，北苑工业区、姜东新区和义乌经济开发区的建设，起到关键推动作用，城市空间规模高速增长。

在这一阶段，城市新增三个新区：

（1）1992年桥东乡并入义乌市主城区稠城镇，1997年徐村乡改为徐江建制镇，2000年稠城镇的原桥东乡划出。

（2）北苑工业园区于1999年3月动工，一、二期总规划面积3.2平方公里，三期规划8.7平方公里。

（3）义乌经济开发区位于主城区西南，规划面积31平方公里。

篁园市场、宾王市场，加上江东新区的开工建设，城市往东南方向扩张得较为明显，北苑工业区的建设，使城市的第二产业往西北方向聚集，整个城市空间向三方发散。

（1）市场建设——第四代市场拉动城市外向扩张

第四代小商品市场于1990年筹办，1992年营业，设7100个摊位。1992年义乌小商品市场更名为"中国小商品城"。1994年，第四代市场二期竣工，至此第四代市场共设14673个摊位，建筑面积扩大到22.8万平方米，摊位数增至23000个。

第四代小商品市场的建立及相关产业的发展，将义乌的老城从原有范围中解放，城市进入快速发展期，空间形态呈多向发展。

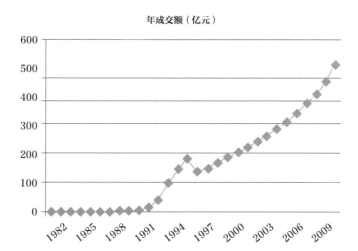

▲ 图4-13　义乌小商品市场年成交额变化统计表（来源于《义乌
统计年鉴2011》）

（2）工业建设——工业园区的扩张

改革开放后，在这些体制的鼓励下，义乌的工业区逐步得到发展，七大工业园区将义乌市划分为东、西、南、北、中五大块，功能分区合理，结构较为清晰。义乌的这种以商贸拉动的产业集群不仅存于市域内部，还扩散到了周边的县市，这些县市在设置开发区的时候，往往紧邻义乌土地，呈明显的集聚效应。

其中，工业空间主要以点状集聚并组合发展为片状，最后形成工业集群，这些是义乌最明显的空间发展特点之一。

3. 整合优化阶段义乌的城市空间发展（2001年至今）

2001～2006年，义乌城区建成区规模从26.7平方公里增加到56平方公里。该阶段城市往西北部延伸，呈现出轴向扩展的趋势，而往东南方向受到山体阻隔，未进行更多扩张，西面由于有机场控制区限制，最终形成了西北轴向扩展的形态。该时期内，义乌新增区域：国际商贸城、后宅新区、廿三里新区、城西新区。其中国际商贸城和后宅新区参与并分担了主城的功能。

（1）市场建设——国际商贸城

义乌国际商贸城位于城区东北，现拥有营业面积400余万平方米，商位7万个，从业人员达20多万，日客流量20多万人次，是国际性的小商品流通、信息、展示中心，是中国最大的小商品出口基地之一，2005年被联合国、世界银行与摩根士丹利等权威机构称为"全球最大

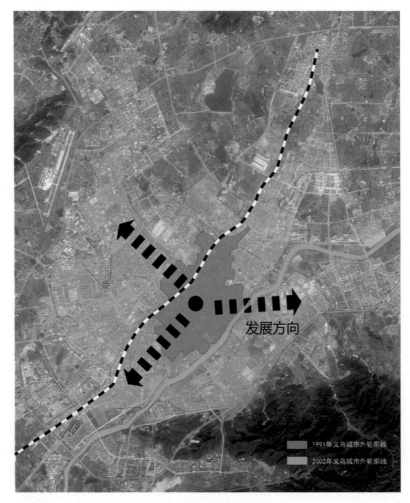

发展方向

1991年义乌城市外轮廓线

2002年义乌城市外轮廓线

▲ 图4-14　1991—2002年义乌城市空间范围变化示意

的小商品批发市场"。作为福田市场园区的扩展,北至苏溪,东至廿三里,西至原浙赣铁路,南至义乌江,包括下骆宅、荷叶塘及原6.6平方公里的福田市场园区。商贸城在一定程度上分担了主城区的商贸功能。

　　自1979年起,义乌的工业进入了一个快速发展时期。1979～1994年,义乌的企业总数以1.72的增幅呈稳步上升趋势。在此期间,义乌的工业依托小商品市场优势,发展速度明显加快,工业发展热潮兴起。1992年,城南工业区和15个乡镇投入开发区建设。义乌的城市建成区面积逐步增大,城市空间得到扩张。1998～1999年,义乌的企业总数和工业产值大体呈上升趋势,北苑、义东、义南、义西、义北五个市级工业园区开始建设,工业企业规模不断扩大,生产空间不断扩张,城市建成区面积得到扩张。截止至2000年,义乌经济技术

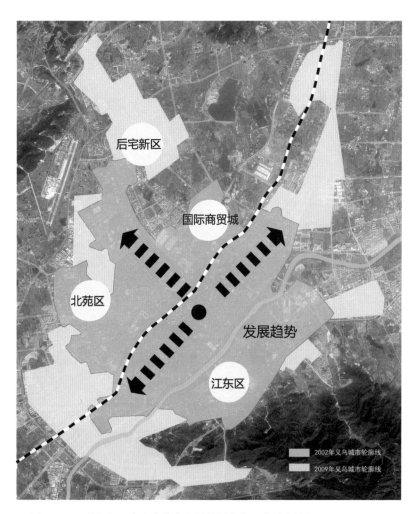

▲ 图4-15 21世纪初至今义乌城市空间范围变化示意（自绘）

开发区一、二期建设完成，义乌建成区面积继续扩张。2000～2008年，义乌企业不断发展，总数达到26507家，从一定程度上拉动了义乌的经济发展，也更大地拓展了义乌的城市空间，给义乌空间的发展提供了更多的方向。

（2）城区建设用地变化

改革开放后义乌的现代化开发区逐步建设起来，生产空间开始向开发区集中，与原来的居住空间相剥离。随着义乌城市化水平的不断提高，单中心城市集聚的人口和经济规模越来越大，迫切需要在城市的空间范围内寻找新的生长点，加快城市空间结构的调整，以促使城市资本、产业等构成要素在空间上的合理流动与配置，促进城市的持续发展，从而形成了多中心的城市发展模式。

4.1.5 城市空间发展趋势分析

1. 古城格局的形成

秦汉时期义乌市已设有县治，形成繁华的街市，自宋代有关县城建设，至明清时期，义乌县城格局逐步形成，并结合本地山水特色，形成了特色明显的"县城—绣湖"双中心互动的基本格局。县治前有城濠，子城内主要是政府机构所在地，外城沿绣湖方向扩展，主要有街市及文庙等建筑，城市建筑的形式逐渐丰富，绣湖水面随着城市空间拓展逐渐缩小，学校、驿馆、园林、楼观、宗祠等各种类型的建筑在湖边逐渐出现。明清时期手工作坊兴起，商品交易逐渐增多，城市内市集发展迅猛，另外，区域内的商道和水运发展也促进了对外商贸交易，并促进了义乌县城以外临近商道及水运码头的驿站及村落的发展建设。

2. 城市空间的拓展

清晚期，商品交易的持续增长促使义乌县城空间逐步扩展，由于在这一阶段，水运占据主导，区域内商品流动主要依托临街江岸的商埠，因此沿义乌江北岸围绕码头形成了多处建成区，县城也处在逐步向江岸发展的趋势中。

民国时期，由于社会整体处于动荡时期，经济发展缓慢，义乌县城城市建设活动也减缓，建设活动主要是城区内的更新和完善。随着20世纪30年代杭山铁路（浙赣线的组成部分）的建成、现代交通业的发展，铁路以其廉价、大运量的特点为经济发展的动力，引导了城市空间的发展。因此，义乌县城空间开始逐步向火车站方向拓展，这一时期，新马路、北门街、车站路等联系县城与火车站的道路逐步活跃起来，这一现象随着义乌火车站的逐步扩大愈加明显。

建国初期的工业发展，成了影响城市空间格局发展的主要因素，但是此时义乌的工业化水平处于较低的阶段，在城市空间上主要是产业与居住功能混合的形式。

3. 城市空间的快速扩张

改革开放后，义乌城市空间建设进入了快速发展和扩张的时期，三代小商品市场的建设带动了周边区域的建设发展，城市中心密度增加，空间向四周蔓延。第四代小商品市场和工业园区在城市边缘建设，带动了城市空间同时向三个方向快速发展。短短20年时间，中心城区扩张了22倍，义乌市由一个小城镇快速发展成为综合性的大城市。

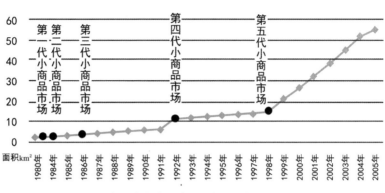

▲ 图4-16　1980～2005年义乌市中心城区建成面积扩张与五代小商品市场建设关系图

4.2

———

空间发展脉络

4.2.1　历史时期的古城建设特色

1. 山水为防——传统城防体系的打破

根据历代县志的记述，义乌城自始建以来，没有城墙之设，明中晚期，因倭寇恣肆横行，为加强防卫，曾议建城墙、加固城门事宜，后因遭众人反对，添建城墙一议未遂。根据历代志书，义乌城是借用城周的山形水势形成天然城防。

结合叠合图，我们可以较为直观地看出《旧志》所描述的山水城防：城南有水自绣湖分支经塔溪出城，称童宅河，至丁店与东来之城中河相汇合，成为一条护城河，百姓滨濠而居，俨然是民宅为郭；城西面，十里华川（绣湖），泱泱大湖，是为天然濠堑；城北面：北门外、通惠门外以山峦为屏障，是为天然之城防也。

2. 七门之设——城乡商业活动的发达

义乌县没有城墙，却在明清时期逐渐形成了七座城门。根据明万历《义乌县志》义乌城门之设始于北宋前，始建年代无考。明代城门屡经休憩、加固和增筑，数量达到7座，均为石料砌筑，上有敌楼。七门名称也屡经变更，后确定为：东曰朝阳，南曰文明，西曰

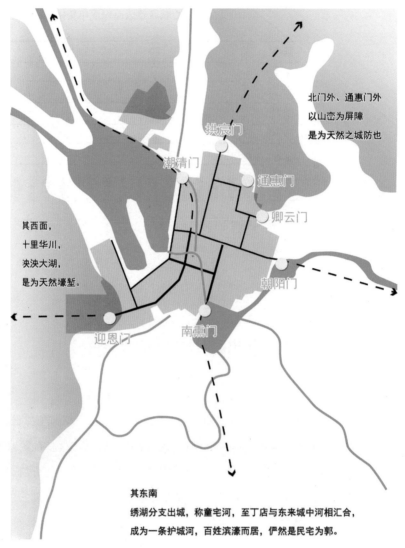

拱宸门

湖清门

通惠门

卿云门

朝阳门

迎恩门

南熏门

北门外、通惠门外
以山峦为屏障
是为天然之城防也

其西面,
十里华川,
泱泱大湖,
是为天然壕堑。

其东南
绣湖分支出城,称童宅河,至丁店与东来城中河相汇合,
成为一条护城河,百姓滨濠而居,俨然是民宅为郭。

▲ 图4-17 山水格局与城防体系(自绘)

迎恩,北曰拱辰,东北造卿云、通惠二门,西北湖清门。此城门之制,后世一直加以沿用,且朝阳门、卿云路、通惠门等地名一直沿用至今。

综合分析义乌古城的城防体系,我们可以得出如下结论:

(1)在有城防压力的前提下(匪患、倭寇等),义乌古城没有选择砖石修筑的城墙,而代以青山秀水,不仅打破了传统的城防格局,也使义乌古城与周边山水产生了更为紧密的关系,最终发展成为一座真正的山水城市——即以绣湖山水为城市建设发展的空间中心,这一传统延续至今。

（2）在没有砖石城墙，周边山水清秀有余，险要不足的前提下，义乌古城却设有七座城门，如仅从城防体系来看，城门越多越相悖于城市的安防，所以明清时期的县城大多设四门，有些丁字结构的古城只设三门，如此，我们将难以理解义乌古城的七门之设。通过仔细分析义乌城市的历史，我们发现，明中后期以来，正是城乡商贸活动快速发展的时期，商品经济无论在广度和深度方面都得到了快速发展，义乌已有人脱离农业生产，转而专门从事工商业，从这个意义来看，城门作为内外交通的节点，其数量越多越能反映城市商业活动的发展程度。

因此，"山水为防、七门之设"体现了义乌开放的城市空间特征，"开放性"可以说是义乌城市气质中最重要的灵魂，而开放的精神也帮助义乌在近现代以来，快速发展成为我国首屈一指的商贸都会。

4.2.2　现状城市空间发展特征

1. 城市业态

义乌是一座商贸城市，城市依托于商贸市场的建设更新而不断扩张拓展，城市内部形态也受到城市业态的特征影响，针对义乌城市业态的分析总结便于我们更加深刻地理解义乌城市的空间问题。

（1）小商品贸易主导城市内部业态，同质的店铺门脸构成城市空间的基本单元。

义乌作为一座商贸城，商业的痕迹融入了城市的每一个角落，商贸店铺不仅仅集中于义乌巨大的国际商贸城里，亦分布于城市的几乎每一条街道，且专业化程度极高，商贸专业街与商贸专业市场一起形成了义乌整个城市的商贸系统。

在老城范围内，临街售卖、集中分布的特征表现得非常明显，沿江路、稠州中路、工人路等城市主要道路的不同路段集中分布着不同类别的商贸店铺，比如沿江路北段的纸箱售卖、南段的典当行、南门街的五金店铺、篁园路的服装批发等。

不同街道内店铺在门脸形式、尺度、销售内容等方面较为一致，促使整个街道立面由数量不等的单元复制而成，这就构成了义乌城市形态特征的基础。

（2）城市高端消费服务业集中于城市中心地带，规模较小、服务等级不足。

随着义乌进入百万人口城市时代，城市的消费需求和购买力也呈几何倍增长，对于综合百货、高端消费场所的需求也持续高涨，绣湖周边地区作为城市传统的中心区，集中了义乌大多数的城市高端商业消费场所，银泰百货、第一百货、解百义乌购物中心、沃尔玛等均分布于这一区域。

大型百货中心在空间上呈现出大体量、多样化的特征，这样的建筑空间丰富了城市的空间特色和趣味性，但对于义乌这样级别的城市来说，现有的城市商业消费地不论在规模和等级上均较小，亟待提升。

2. 城市肌理

城市肌理呈现出城市不同时期建设的需求和特征，也反映出城市发展的问题，我们通过对义乌老城区的城市肌理分析可发现，老城区不同区域的历史积淀不同，在空间肌理上的反映也不同，历史积淀深厚且延续较好的区域在院落、街巷上便呈现出较为明显的传统城市肌理，而在新建设区域则反映出匀质、规整的现代化特征，对于城市肌理的研究有益于更加深刻地认识不同地区的历史文化底蕴，进而能在未来空间特色营建中结合现状采取差异化措施。

在这一范围内呈现出三种不同的肌理特征：

（1）传统街巷肌理——西门街区

传统城市空间肌理，建筑尺度较小，院落关系明晰，呈自由组合形态；街巷关系呈放射状，尺度较窄，空间趣味性强。

（2）建筑风貌单一的居住街区

建筑形式规整，匀质排列，院落围合较差，街巷关系呈平行方格状，空间呈现出同质化。

（3）大体量的城市商贸区

大体量建筑空间，活动以建筑空间内部为主；人工化的院落围合形态，易于商业氛围形成；街巷尺度较大。

3. 街巷空间

现今义乌的城市道路大都在改革开放后建设或翻修，单纯就城市道路空间来说已难以寻觅历史时期义乌依山就势、自由发展的建设特征，内部空间环境也主要体现出现代城市的业态及尺度感，但是，通过对城市道路建设的时序、空间方向研究以及沿街业态

▲ 图4-18 西门街肌理特征（自绘）

▲ 图4-19　城中路两侧居住区肌理特征（自绘）

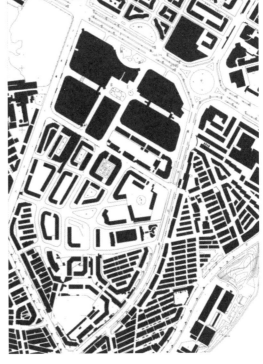

▲ 图4-20　宾王市场肌理特征（自绘）

研究，依然能够分析出主导城市空间发展的核心要素。我们从以下几个方面对义乌的道路空间进行分析认知：

（1）空间建设脉络

对义乌城市道路建设时期和建设方向的分析能够清晰地认识到道路发展的脉络，这同样也体现出义乌城市空间拓展的脉络。

对于义乌城市道路的建设来说总体反映出了义乌城区建设空间发展的方向，主要体现在与义乌江的关系上，从一个不滨江的小城发展出与江面发生联系的道路进而将城市空间延伸至江岸边，再沿江横向发展一直到跨江发展，最终形成拥江发展的态势。城市道路的建设脉络反映出了城市空间的发展，也再次印证了山水环境对城市空间特色的重要性。

（2）街市生活

临街业态之间反映出城市的文化，义乌的城市街道则直接反映出了义乌浓郁的商业文化传统。

专业化发展临路商业空间：义乌目前临街成市已经成为义乌市场发展的重要一环，目前义乌已经形成40余条专业街市。

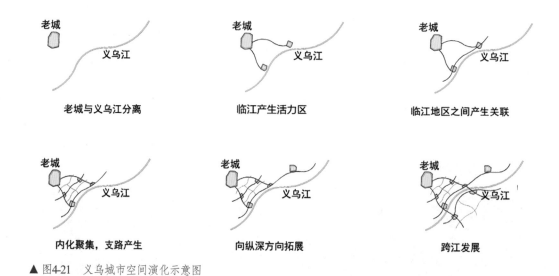

▲ 图4-21 义乌城市空间演化示意图

生活气氛浓郁的住区小街：义乌开放式住区之内的街道小巷，形成了义乌最具生活气息的地段，小吃、零食、水果贩卖，加上穿梭其中的外国人，形成了义乌最基本的街市生活。

4. 开放空间

（1）城市水系

义乌城内最主要的河流也是市域内最大干流——义乌江，自廿三里南入境，经城中央村与南江会合，境内流长39.75千米，大注支流90余条；老城区内水系主要为沿丹溪路水系，经绣湖后注入义乌江，与历史时期相比，城市内水系破坏较为严重，原有自然溪流大部分消逝，现状仅有的水系空间也被严重挤压在道路下，已变成城市暗河，老城区内已经没有开放性的公共亲水空间。

（2）绿地公园

义乌的绿地公园于20世纪90年代中期和2000年前后有两次建设高潮期，不同时期建设的空间分布有显著差异。

20世纪90年代中期，建设集中于城中路两侧，形式主要为纪念性公园，以传统手法为主。

2000年以后，建设集中于沿江一线以及重点地区升级改造，新建公园形式以休闲游憩为主，采用现代园林设计手法，注重城市功能需求。

城市公共开放空间的建设基本体现了城市空间拓展建设的方向，建设形式和内容也体现了当时期城市发展的需求和文化氛围，以解决市民游憩和展示建设成就为主。

5. 居住空间

（1）开放型住区，争取更多临街界面

深厚的商业传统致使零售商业已如血液般深入居民生活，因此对店面的争取和最大化利用已至极致状态。不同于其他城市，义乌居民小区均以楼为单位形成多条狭窄街巷，一个个小区便是一条条商业街。

（2）垂直分工明确，精细化利用

居住空间与其他空间的密切融合不仅体现在小区尺度上，在单个建筑上亦是如此，底层门店、二层办公、三四层居住、顶层仓储这样的空间利用模式在义乌极为普遍，商业+办公+居住+仓储的混合功能是义乌居住空间的另一大特点。

（3）建筑风貌同一

极速发展造成义乌市内住区多为同一时期由城中村改建而来，并且由于义乌市民对简单公平的极致追求，造成大片区内住区建筑几乎一致，分辨度不高且整体风貌不高。

居住空间现状发展反映了义乌商贸主导的文化，追求利益的基本诉求促成了现状的居住空间形态。

4.2.3　商贸业发展与城市空间发展的关系

纵观义乌城市空间发展的四个时期，不难发现，义乌的城市空间的快速发展，与义乌经济的快速发展密不可分，义乌在短短二十几年内，五代市场盘活了义乌的城市，主导推进了义乌城市的空间演化。在义乌的城市化进程中，义乌的产业与城市空间之间是互动的；市场结构的优化和工业产业的升级导致了城市土地利用和城市空间形态的变化，城市土地利用结构的优化和城市空间的重组又为城市产业结构的优化升级提供载体。总之，在短短的24年内，义乌的城市空间在不断地进行着资源优化和重新配置。

另一方面，义乌的五代市场及发展过程中形成的商业街巷也反映出了城市的特色和风貌，是城市记忆空间的重要组成。它是义乌的市井文化的主要成分，人们可以从历史遗留下来的市场、广场、街区等，了解过去，了解义乌和义乌的个性，了解义乌市场的历史渊源与现实的关系。对于这些记忆空间，我们能做的就是保护和尊重。这些空间经过长时间的沉积，反映了义乌特定文化的整体形态，反映了不同时期城市空间发展的历史层面，真实地承载着各个时期城市记忆，是宝贵的历史资源。

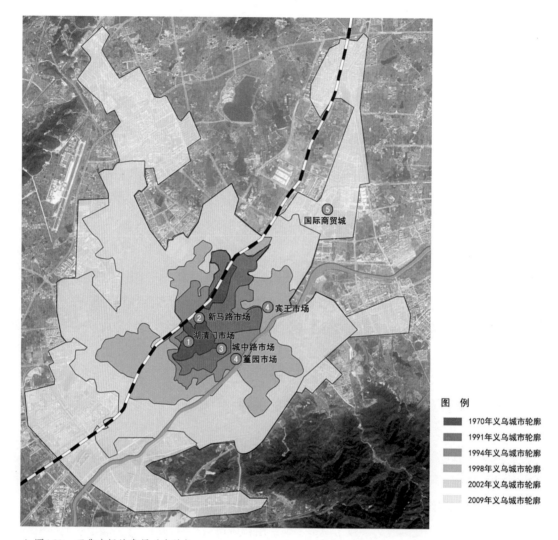

▲ 图4-22　五代市场的发展（自绘）

4.2.4　人口数量变迁与城市空间发展的关系

　　相对于高楼林立的现代都市，古代城市居住密度小且比较稳定，一般可以通过居住人口的多少来判断一座城市的规模，同时，人口数量的变迁也可以反映城市规模的发展和变化。根据宋以来人口数据的记录，义乌县人口增长的趋势与全国整体情况相近，即在清乾隆中后期出现了较大程度的激增。具体数据表现为：从明代天启七年（1627年）的7万多增长到清代乾隆五十年（1785年）的51万。前后两数字虽有统计方式的变动（详见下表说明），但超过7倍的增长仍然能够说明义乌人口有激增的事实。

　　人口激增在一定程度上会带来城市用地的紧张，其对城市建设的影响体现为两种方式：一种是在临近关厢地区围聚，逐渐形成城门周边的住宅区，并在城门之外形成商业性街巷。在义乌老城较为明显的关厢聚集区则是城西北的湖清门外，即湖清市所在，还有一处则是城西南迎恩门外，即西门市所在。另外一种则是侵占城市内部及其周边隙地，在南方城市中还包括水面、河渠等空间。义乌县本无城墙，也就没有城墙内外之分，但从城市建设区的发展来看，自宋代以来，原本应位于城市内部的重要公共建筑群，都设在了城西的绣湖山水间，例如县学、文庙、城隍庙、书院、驿站等，随着人口的增长，风光较好的绣湖周边隙地自然成了修宅建舍的膏腴之地。而这一过程在影响绣湖形状和面积的同时，也改变着义乌古城的空间结构，即将绣湖山水纳入城市建设区的内部，正如康熙《义乌县志》中所描述，"绣湖：郭郡间一巨浸也，宫寺民庐枕其旁"。

　　到民国时期，由于国家多难，战乱不断，义乌人口数量没有更大的改变。从统计数字来看，甚至有减少的趋势。因此，我们可以判定，民国时期义乌城市建设区的规模，相对明清时期，尤其是清中后期，没有很大的改变。我们甚至可以参照民国时期义乌地图，大致标绘出明清时期义乌古城的建设区域。

◆ **义乌县人口数据统计表（数据来源《义乌市城乡建设志》）**　　表4-1

朝代	户数	人口数	说明
北宋大中祥符间（1010年）	13694	丁25147	宋代人口统计只计男不计女：男20岁为丁
南宋绍兴年间（1145年）	14829	丁28713	
明天启七年（1627年）	15610	丁口71479	明，以男为丁，女为口
乾隆五十年（1785年）	58090	丁513878	清康熙"修养苍黎，恢复元气"政策，人口增长。雍正开始摊丁入亩，人口统计将男女老少全部入册，人口统计数量大增
民国18年（1929年）	63380	口294099	
民国36年（1947年）	73031	口323529	

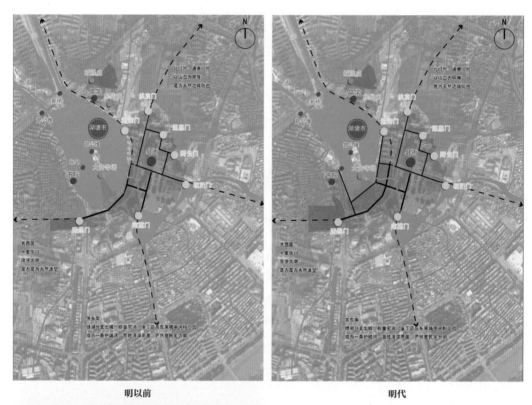

明以前

明代

清代至民国时期

▲ 图4-23 绣湖变迁示意图（随着人口的增长，建成区面积逐渐扩大，绣湖水面逐年缩小）（自绘）

4.3

空间特色资源梳理

未来义乌城市的空间特色营建是建立在审视自我、探寻脉络的基础上的，通过对义乌文化发展脉络的探析研究、古城建设的分析结构、现状问题的总结梳理，我们可以明确义乌城市发展中所蕴含的文化传统和遗留的空间特色，这些文化和空间上的内容代表了义乌城市建设发展的整个脉络，需要从中梳理筛选，提取出可利用的文化符号和空间实体来用于现今城市空间特色的营建。

对于这些资源，我们可以将其分为传统文化特色资源、古城建设要素资源、现代城市记忆空间资源三个类别，如表4-2～表4-4所示：

◆ 义乌传统文化特色资源表　　　　　　　　　　　表4-2

	类别	名称	主要内容	历史价值	承载空间
软性文化特征	核心文化	桥头文化	桥头遗址，属于上山文化晚期遗址，发现大量陶器和石器	是义乌市域内发掘最早的人类遗址，直接证明了义乌的文化起源和人类文明史	义乌桥头遗址
		孝义文化	战国时期，中原颜凤南迁义乌，其子颜乌孝德感化天地，有群乌助葬的传说	后经历代传演，逐渐成为义乌文化内涵的重要部分，至今仍被奉为义乌名称的起源之一	颜孝子墓公园
		古县文化	指秦汉时期的乌伤县，始建于秦代，县名沿用至唐。根据考古文物的发掘情况，秦汉乌伤古县已经是非常繁华的城市	乌伤县是今天义乌城市建设的源头。自选址建设，沿及唐、宋、元、明、清历代，县城位置未有变化，至今古城仍是义乌城市发展建设的中心	绣湖广场改造工程曾发掘出汉代建筑构件
		商埠文化	南宋时起，义乌因临近都城杭州，开始出现依托水运的商埠市镇，明末清初商埠市镇更加繁华，汇聚了多重文化，其中最有名的就是佛堂镇	义乌深厚的商贸文化与义乌江畔的商埠文化有着直接的关联。因此，有着经商传统的义乌人，在改革开放时能够抢得先机，终成气候	佛堂镇、赤岸镇廿三里镇

类别	名称	主要内容	历史价值	承载空间
核心文化	忠勇文化	宗泽：宗泽是宋代抗金名将，婺州义乌人。北宋末至南宋初，救国于危难，屡建战功，曾任用岳飞等一批抗金将领，多次力主还都，制定收复中原方略；戚继光与抗倭义乌兵：明代嘉靖年间戚继光的戚家军成军于浙江义乌，总兵力四千人，主力是义乌农民和矿工。自成军起，大小数百战未尝败绩	宋代宗泽抗金与明代义乌兵抗倭，体现出义乌人忠诚勇敢的精神传承，是义乌文化中重要的内涵	宗氏宗祠位于稠城街道宗宅村
软性文化特征 其他文化	居士文化	指南朝时乌伤居士傅大士，《续高僧传》称傅弘，又称善慧大士、鱼行大士、双林大士、东阳大士、乌伤居士等，是东阳郡乌伤县（今浙江义乌）人	南朝梁代禅宗著名之尊宿，义乌双林寺始祖，中国维摩禅祖师，与达摩、志公共称梁代三大士	善慧傅大士塔
	三国文化	骆统、二乔		
	红色文化	吴晗：原名吴春晗，是义乌人。我国杰出的历史学家、明史专家、爱国民主斗士；冯雪峰：我国左翼文化运动领导人之一，义乌人，他是著名的无产阶级文艺理论家、鲁迅研究专家、诗人、作家；陈望道：是五四新文化运动的积极推动者，是我国现代著名的思想家、社会活动家、教育家和语言文学家	是我国近代民主革命进程中的文化斗士和先驱	冯雪峰故居；吴晗故居；陈望道故居
	中医文化	指元代义乌人朱丹溪，被称为"丹溪翁"，是我国医学史上一位卓越的医学家，为金元四大家之一	以"相火论"和"阳有余阴不足论"医学观点为核心，探索了人体的生理特性与养生的奥秘，提出了养阴保精、去欲主静的养生方法	丹溪路

续表

类别		名称	主要内容	历史价值	承载空间
软性文化特征	其他文化	书院文化	义乌书院在宋代有东岩书舍、滴珠书院、讲岩、石门书院等。元代有五云书院、华川书舍、景德书院等。明代有杜门书院、釜山书院、齐山精舍、钟山书院、纯吾书院、绣湖书院、葛仙书院、石楼书院等。清代书院有紫阳书院、淑芳书院、延陵书院、伯寅书院等。近代有端本学堂等	东晋以来，中原士族大批南迁，带来了中原文化，开始在义乌创办书院，自此，义乌诗书讲颂相闻，历代文人辈出	绣湖书院旧址在绣湖公园内；杜门书院旧址在大陈镇东塘杜门村；端本学堂旧址在赤岸镇乔亭村
		市井文化	①春秋古井：2000年稠城绣湖广场工程中发现的春秋时代的13口古井（砖井、木架井）；②富贵贫贱四井：义乌旧传晋郭璞所凿，富井在绣川门外；贵井在东阳门外；贫井在县学西；贱井在县治前。四井之称，以泉之多少、清浊为别。泉多为富，少为贫，清为贵，浊为贱。富井即今下车门八角井	我国古代市和井联系起来，称为"市井"，市井交易是商业的滥觞。这些古井及古井遗迹是义乌城市文明起源的证据，也是古代城市中商业行为的印记	春秋古井位于绣湖广场东北侧。富井位于义乌市稠城街道南门外下车门

◆ 义乌古城建设特色要素资源表（数据来源于《义乌市城乡建设志》）　表4-3

类别	名称	位置	历史价值	有无空间承载
古城门	拱宸门（旧名大槐花）	是亥方门，在县治北	北倚崇山，势若屏障，通往浦江的官道经此	无
	湖清门	县治西北约百步	为乾方门，绣湖迁曲绕其西，经此门去学官、城隍庙等	今仍存地名
	通惠门（旧名小槐花门）	是艮方门，在县治东北	出外不通干道	今仍存地名
	卿云门旧名金麟门	是甲方门，在县治东北山坡上	为通往宁、绍诸郡的通衢，经此门往北，有岭曰"善坑"，屹若重关，有"一夫当关，万夫莫开"之险，设有岭头铺，为义北之门户	无

续表

类别	名称	位置	历史价值	有无空间承载
古城门	朝阳门	是辰方门，在县前街东端的金山岭顶	经朝阳门出东南通东阳，前有鸡鸣山，城郭筑渡春亭，每年迎春于此	古城东门、唯一留有遗迹和图像资料的城门楼
	南熏门又名文明门	在南门城南河内，为正南门	门前面"绸川如衣带，天马之山如几案"	无
	迎恩门	在今西门街口附近	国有诏书至，从此门入，路通金华。出城门一里有社稷坛，又五里为卿才发轫坊	无
传统街巷	县前街，明清时期，县治东侧称东大街、西侧称西大街、朝阳门内段称金山顶大街	东起金山岭脚，西至平桥，在"泗洲境"内	古城内联系东西城区的大街	今县前街
	南门街，明清时期又称正大街	县治前南北街，北起县署前，南至原西河巷口，在"文明境"内，后称南门街	已在绣湖广场工程中湮没	
	湖清门街	县治西，湖清门内，环秀湖呈弧形，南至县前街	湖清门外有湖塘市，明清时期的湖清门街也非常繁华	已在绣湖广场工程中废除
	朱店街，原名上市街	县治西，北起平桥，南至原西门街与原新马路交叉，在"川桥境"内，后称朱店街	清至民国年间，朱店街是比较繁华的商业街道	已在绣湖广场工程中废除
	西门街	县治西南，迎恩门内，北与朱店街衔接	迎恩门有上市，明清西门街为商业繁华的街市	现西门街
	北门街	拱辰门内，南至县前街	民国间，随着铁路的修建，北门街逐渐繁华，西门街逐渐衰败。	与今天北门街大致相当
文教类建筑	绣湖书院、华川书院、绣湖社学	环绕绣湖	学官、书院建筑的修建，使义乌历代学子将文运的昌盛寄托于绣湖山水的变化，"绣湖清，出状元"的说法从宋一直延续到明清，更使得绣湖山水具有了文化的内涵	无

续表

类别	名称	位置	历史价值	有无空间承载
文教类建筑	园林馆舍	庆云阁、华川书舍、陈思宅园	园林馆舍的修建体现出历代义乌文人以绣湖山水为精神寄托的历史	无
	宗教建筑	满心寺、大安寺、城隍庙、东岳宫	为绣湖山水增添了宗教信仰的文化内涵	大安寺塔
	景观构筑	绣湖八景、鸡笼殿	自宋以来的景观构筑完善了绣湖一带公共景区的营建	绣湖畔的垂柳、画舫
	祠堂建筑	黄文献公祠、宗忠简公祠	在封建时代，祠堂建筑是追念先贤、凝聚族人的精神场所	无

◆ **义乌现代城市记忆空间资源**　　　　表4-4

类别		名称	位置	历史价值	有无承载空间
近现代城市建设特色	历代小商品市场	湖清门市场	湖清门街	义乌第一代小商品市场，义乌商贸业第一次由自由售卖走向集中市场发展	已改造为商业街
		新马路市场	新马路	义乌第二代市场	改造为菜市场
		城中路市场	城中路	第三代市场，1990年发展成为全国最大市场	针织品专业市场
		篁园市场	篁园路	第四代市场，最早的完全室内市场	重新建设为服装市场
		宾王市场	宾王路	第四代市场，前四代市场中唯一留存完整的	保留完好

通过总结分析不同历史时期义乌城市空间的发展特征，解读城市空间、提炼历史资源，同时尝试探寻义乌城市空间发展与地域文化之间的关系，并在此基础上总结分析现状发展问题，明晰现状城市空间发展在文化特色营建中的欠缺之处，进而明确文化特色营建将是未来城市空间发展的必由之路。

Chapter 5
第 5 章

义乌市空间特色
营建研究

通过针对性的研究可以看到，在义乌城市发展的基本脉络里，是有其贯穿始终的文化线索的，这样的文化线索是其在特定地域环境和文化环境下形成的人文品质。

在历史时期，城市处在缓慢推进的状态，内在的文化品质能够逐渐地在城市外在空间中显现，城市建设能在不同方面把地域环境、人文气质展示得淋漓尽致，正如我们对于义乌古城的研究；而进入现代，传统文化被新的纯商业、纯趋利的内容掩盖，在这种文化背景下城市空间推进是极速的，城市外在空间也愈发浮躁，愈发呈现为简单堆砌，城市原有的文化氛围丢失，城市空间问题逐渐增多。

因此，在义乌城市空间未来的建设中，应该秉承传统的义乌精神，从商业、趋利、浮躁中转向重视传统文化培育，外在空间的塑造是在审视自我基础上的萃取精华，并且要从不同的层次和方面应用具体手法来重塑具有义乌传统特色的城市空间环境。

5.1

空间特色营建研究思路

5.1.1 研究层次划分的思路及范围界定

1. 保证义乌城市空间文化特色营建的系统性

义乌市内的文化资源丰富，但系统性不强，主城区城市空间缺乏特色，而传统村落保存较好，营建文化特色不应只注重一点一滴，需要通盘考虑，通过全市域内的系统梳理才能真正达到城市文化特色提升的目的。

2. 结合文化资源分布特征，量体裁衣，保证资源最优化利用的完整性

义乌城市发展具有明显的跨越性特征，不同地区历史文化底蕴差别较大，且义乌作为世界商都担负着重要的现代化职能，在城市文化特色营建应注重不同区域的特色差异，因此在城市文化特色营

建中，应以义乌城市发展阶段为参考，以完整的城市记忆为依据，以历史资源的最优化利用
为目的，科学划定传统老城区范围，重点研究，最终将这一区域塑造为承载义乌传统文化、
生活文化、城市品质的重点区域。

3. 突出重点，远近结合，保证特色营建的可实施性

通过针对义乌古城的分析研究，结合现状优势资源，在历史古城范围内选取文化资源，
完整构架，突出重点项目，构建"文化义乌"的核心承载区域。

因此，我们基于义乌城市发展的现状及未来文化特色营建的需求，将城市文化特色营建
研究划分为三个层次，市域、老城区、老城核心区，从不同层次的营建需求分别进行论述。
其中，老城区和老城核心区的范围界定以城区发展的时序特征为主要依据，分别是：

（1）市域层次：义乌市行政区划全域范围，面积约1105.46平方公里。

（2）老城区：以20世纪90年代中期（四代市场）为时间节点，能够较完整地涵盖义乌
城市发展记忆的城区范围，研究具体范围包括义乌江以北，东至宾王路，北靠西城路，西达
江滨西路，南临义乌江和江滨路，面积约9.2平方公里。

（3）老城核心区：义乌历史古城范围，包括绣湖、西门街、南门街、朝阳门等重点地
区，具体范围为：规划机场快速路、浙赣快速路，以及香山路、城中路环绕地区，面积约
1.45平方公里。

5.1.2　三个层次的研究重点

鉴于义乌城市发展的特殊性，为了保持对义乌城市文化特色营建的系统完整，本次研究
在立足老城区研究的基础上，从市域、老城区、古城核心区三个层次研究，解决义乌城市空
间整体缺失文化特色的问题，其中老城区和老城核心区两个层次为核心研究内容。

市域层面，阐述市域内不同发展阶段和功能地区的文化发展特色，明晰市域内需保护的
重要山水城轴线。

老城区层面，构架能够展现义乌地域文化特色的空间结构，并从水系、绿地廊道、道
路、空间发展意向等多个方面详细阐述。

老城核心区层面，挖掘义乌古城建设要素资源，结合资源研究和现状发展，依据古城要
素系统，通过重点片区和文化核心构建形成展示义乌城市精神和历史文化的核心区。

5.2

——————

空间特色营建原则

5.2.1 完整性、多样性的原则

本次研究对义乌城市空间的特色营建均应建立在真实、完整反映义乌历史、文化的基础上，不应有任何的臆造内容；并且应该尊重义乌近三十年发展形成的现状特征，能够完整讲述义乌多样化发展历程。营建中注重保护义乌市文化遗产的历史真实性、居民生活的原真性以及历史环境风貌的完整性，保存真实的历史遗存，对已不存在的重要文物古迹，有选择地进行重建。

5.2.2 分层次、分区域原则

义乌城市空间的特色是一个具有完整系统的框架，从大山水格局到城防建设再到空间节点的发展都是一脉相传的，因此在未来空间特色营建中也应是系统完善的，需要在不同层次采取不同的应对措施，切实有效地保护其历史文化价值。

另外由于义乌城市发展有着明显的阶段性特征，不同区域的历史文化基础有着很大的差异，在空间营建中应本着分区域的原则，需要针对这种资源分布的差异采取针对性措施。对重点保护的地段要严格控制，对一般保护的区域要适当放宽，二者结合，将保护落到实处。

5.2.3 注重民生、以人为本原则

义乌城市空间的特色营建是建立在满足本地居民的生活、生产需求的基础上的，正确处理好保护与建设的关系，既切实保护好历史文化遗产，又使之适应现代化生活和工作的需要。

5.2.4 合理利用、永续发展的原则

全面保护历史文化总体特征，充分挖掘历史文化地段的潜在价值，逐步对重要节点进行修缮或提示，变资源优势为产业优势，同

时为文化建设提供场所，满足未来城市功能发展需要，提高城市综合竞争力。

5.3

————

空间特色营建
策略

5.3.1 立体构架——不同层次空间特色营建

通过对义乌城市文化及遗存记忆空间的审视和整理，在明确义乌城市空间特色营建的资源后，针对资源分布特征和不同区域的发展特点提出营建思路，在此基础上对义乌城市的不同层次提出具体方法，进而展开空间特色营建的具体方案。

1. 区域空间：山水格局控制和整治

（1）城市山水

古人的空间观念是完整的县域内的大山水人居体系。今天，这样山水相间的山·水·城体系已经随着城市化进展进程而淡化。浅

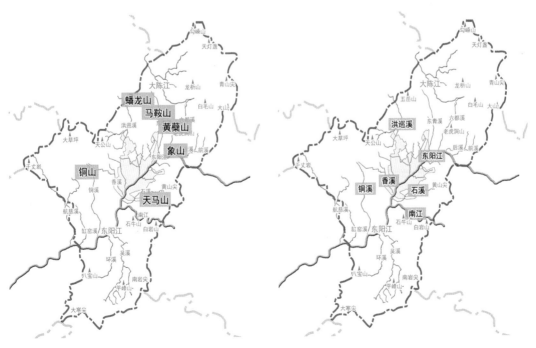

▲ 图5-1 义乌山水分布示意图（自绘）

山区已被城市吞没，缓丘地带正在被逐渐侵蚀，这样的态势需要遏制，城市需要确定发展边界，山—水轴线关系需要得到保护。

（2）城市天际线控制

保持以稠山、道场山等自然山体构成为远山地区天际线背景；城市内部构建以中央商务区高层建筑群作为城市制高点的统治力和唯一性。

2. 城市空间：建立富有历史内涵的人文景观系统

（1）城市生态网络及景观轴线的构架

历史时期，以绣湖等大面积水体形成城市中心景观，并与义乌江之间串联丰富的水系生态网络；围绕这一中心景观逐步形成了义乌的精神家园和文化中心地，义乌的城市空间特色营建需要对这一生态网络和中心景观进行提升和加强。

（2）城市趣味点、城市标识、城市节点等城市记忆场所的环境再塑造

以历史城区内的城门、城墙、塔、楼等城市记忆点为城市空间特色营造的资源；通过复建、符号化利用、文化精神的空间再造等多种方式来塑造传统城市记忆场所。

（3）古城文化中心的环境塑造

历史时期古城内传统公共属性土地包括：祠堂、庙宇、教堂、学校、修桥、铺路、茶亭、义渡等，非常多，且多位于环绕绣湖周边区域。未来义乌城市空间特色营建需要重新提倡这一文化教育传统：恢复区域性的"书院"公共文教建筑；创立名人故居、纪念馆等纪念性人文景观；恢复"古桥、义渡、茶亭"等古代公共交通驿站人文景观。

3. 细部环境营造

（1）街巷空间

宏观尺度：建立沟通城市与山水之间的绿道系统；

微观尺度：街巷空间以构建利于人行和非机动车交通为目的。

（2）建筑环境空间

空间尺度原则——精致小巧，趣味性场所的营造；

建筑风貌原则——吸收传统，接纳创新；

城市色彩原则——整体协调，传统与现代的整合。

5.3.2　区分发展——不同历史资源基础区域的特色营建

1. 现状留有较好遗存、遗址的区域

位于义乌市中心区域现存有少量历史遗迹、遗存，如朝阳门遗址、西门街等节点空间，尤其是朝阳门，是义乌城市发展史的见证，也是非常具有记忆感和心理共鸣的场所，这样的区域未来的保护和发展是义乌城市文化提升的重中之重，也是义乌城市空间特色营建的核心所在。

场所的保护——遗存的整理保护及记忆空间的恢复再造；

场所的扩展——记忆点之间的串联及建筑符号的区域再现；

场所精神的提升——基于历史传承和现代需求的业态发展。

2. 历史底蕴深厚，记忆空间已损毁的区域

义乌自秦设乌伤县距今已有2000余年，县城的建设亦历史悠久，至明清时期已具相当规模，城防系统、礼制建筑、特色水面景观、城市设施、民俗场所等数量较多，是义乌传统文化的重要承载空间，可由于改革开放后的经济发展需求致使非常多体现历史底蕴的空间遭到损毁，但经过技术手段分析，这些空间的位置、体制、规模均可有较明晰的考证，对于这些区域的发展、文化的再现是义乌城市空间特色营建的重要方面。

城市开放精神的传承——古城"七门"的选择性恢复及符号利用；

城市文化中心的再造——绣湖文化圣地的空间营造；

城市精神家园的再现——传统古城区域内的记忆场所精神的升华。

3. 新近建设区域、历史记忆较少的区域

义乌改革开放后发展迅速，城市空间急速扩张，多数区域在短期内即建设完成，这部分空间缺乏历史文化的传承，并由于其范围较大，主导了城市风貌，造成义乌城市整体历史感的缺失，因此对于这部分区域的空间特色营建对义乌城市整体风貌的改善有极大意义。

整理恢复自然山水环境，提升整体环境；

将义乌传统文化符号化植入城市公共环境；

通过建筑风貌整治传承，再现义乌传统建筑特征。

5.4

———

空间特色营建方案

5.4.1 市域空间特色营建

1. 市域城市生态格局营建思路和历史依据

义乌城自始建以来，没有城墙之设，而借用城周的山行水势形成天然城防，在更大范围的自然环境中看义乌处在金衢盆地东部，而义乌江则从盆地中部穿过，可以说义乌处在山环水抱之中，在整个生态格局上也形成了"远山盘错、近山包络、秀水回环、统观而治"的大山水人文系统。

这样的大山水系统构成了义乌文化最为基本的生长基础，也是义乌城市空间的最基本特色，因此在对义乌城市空间特色进行营建时，对于城市山水格局系统的恢复和保护是最基本的方面。

对于义乌市域内山水格局特色的营建必须是建立在充足的历史依据基础之上的。

2. 市域内生态格局

环绕在义乌城市周围的山脉，较重要的有父母山——蟠龙山，

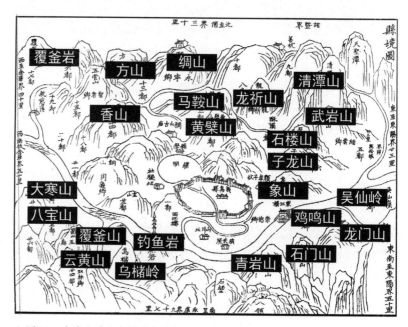

▲ 图5-2 市域山系分布图（自绘）

▲ 图5-3　2003年的黄蘗山及周边地区

▲ 图5-4　2017年的黄蘗山及周边地区

其分支马鞍山、洪堂山、黄蘗山等诸山，迤逦环绕义乌市域北部，其中黄蘗山一直延伸至城北，为义乌主山，城市北面的这些连绵群山为城市构成了层次丰富的天际轮廓线。东有象山为护山，南面所对天马山为案山。

义乌的水系主要体现在主河流水系和市域内分布广泛的湖、陂、塘。河道不宽，水网密布，历史上早已发展了成熟的陂、塘灌溉体系。这种小而密、河塘结合的模式，一方面，对于今天中国城市化进程中城市内涝频发的现象提供了很好的历史经验，另一方面，历史上，围绕这些水系形成了许多重要人文景观核心，最著名的莫过于城区的绣湖和蜀墅塘，前者是城市内重要的人文景观核心，包含有农业灌溉、生活用水、观赏游览等城市生活功能，后者是因灌溉而建的水利工程，也促成了乡间人文景观的建设。

以黄蘗山为例，黄蘗山位于城市北部，临近城市中心区，受到城市建设威胁较大，通过对比可以看到城市主干道路、工业区愈来愈靠近山体，山体周边的水陂、塘被吞噬严重。

处于义乌城市边缘的缓丘山体和陂、塘水系基本上都处在这样的威胁之下，这些溪流现状多为城市明渠和暗沟，自身空间受到挤压，需要有针对性地对这些山体和水系进行保护，未来应该明确保护山地边界、拓展水系空间，并建立起联系山水之间的绿色廊道，形成义乌市域的山水轴线，完成市域内山水格局的特色营建。

（1）"黄蘗山—中心城区—义乌江"轴线

黄蘗山为义乌古城的父母山，是北部临近城区最近的山体之一，自黄蘗山及山墙水塘形成的水系分为几支穿过城区，最终汇入义乌江，这其中包括形成绣湖的溪流，通过水系拓展和绿色廊道的建立来形成义乌江北岸的城市文化展示的主要轴线和廊道（图5-5）。

（2）"铜山—深塘水库—铜溪—义乌江"轴线

铜山位于义南地区的义亭镇北侧，铜溪则是穿过义南地区的主要溪流，现状大规模城市建设尚未展开，周边生态环境较好，且溪流弯道较多，曲水流觞，通过对水系和周边生态农

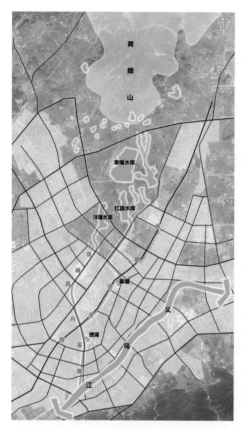

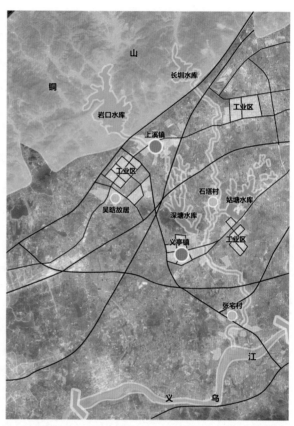

▲ 图5-5 "黄蘗山—中心城区—义乌江"水系
廊道示意图（自绘）

▲ 图5-6 "铜山—深塘水库—铜溪—义乌江"水系
示意图（自绘）

田的保护建立起以生态文化展示为主的廊道

（3）"大寒山—赤岸镇—佛堂镇—义乌江"轴线

大寒山位于义乌市域最南端，义乌江南岸，自大寒山的水系先流经赤岸镇后在佛堂镇汇
入义乌江，赤岸镇佛堂古镇位于义乌江南岸，区域内有佛堂古镇、冯绍峰故居等文化资源，
另外周边留存较多村落，格局较好，本地生活气息浓厚，因此通过水系保护、周边绿地廊道
建设以及佛堂古镇的旅游发展，形成义乌南部展示建筑文化、古街文化、民俗文化的重要廊
道间。

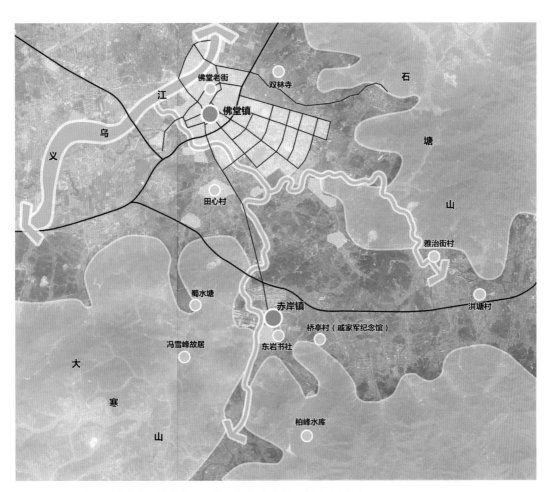

▲ 图5-7　"大寒山—赤岸镇—佛堂镇—义乌江"水系廊道示意图（自绘）

5.4.2　城区空间特色营建

1. 城市空间特色营建结构

针对义乌现状城市空间发展规模较大、片区功能发展成熟且各具特色的特征，研究在对义乌主城区文化特色营建时选择划片分区的方式进行研究，以传统老城区为重点进行特色营建，外围新城区以片区引导为主。

将主城区的特色营建划分为：

（1）老城传统文化核心展示区

包括了民国以前义乌古县的发展区、改革开放后前四代小商品市场的发展区，空间对应本次研究的重点层次——老城区。

老城区作为义乌发展历史最悠久、文化积淀最为丰厚的区域，这一区域是孕育义乌精神、传承义乌文化、记载城市发展记忆的核心区域，对于义乌来说是展示其地域特色和城市气质的最佳区域。

老城区内未来应结合其商业服务核心功能，依托传统文化资源要素，通过重塑文化核心、控制景观廊道、恢复水系空间、控制城市空间形态等途径来营造具有义乌特色、能够反映义乌悠久文化的核心区。

▲ 图5-8 城市空间特色营建结构图（自绘）

（2）新城区城市新文化展示区

除老城区以外，近一二十年建设发展的区域，包括新的商贸城区域、中央商务区、经济开发区等义乌新的城市功能区。

新城区是义乌城市经济社会功能发展的重要承载，这里是义乌商贸、金融、产品制造等经济功能的核心区域，是义乌展示空间建设成就和现代城市形象的重要空间。

对于新城区内不同地区的功能特色，研究将新城区分为如下几个片区：

①现代城市景观核心展示区；

②城市门户形象展示区；

③产业景观展示区；

④人文生景观展示区。

2. 老城区结构体系营建

老城区是义乌市城市发展的起源，是城市之根，集中地体现了义乌市最传统的文化、最悠久的历史、最有特色的建筑。老城区营建的主要目的是通过有机更新与改造，恢复和重现历史氛围，展示义乌历史文化，实现老城功能转型，提升城市品质，为义乌市经济社会全面协调发展提供强大的精神动力。

老城区的营建是以历史文化为主脉，以山水为背景，以商贸文化为特色，从人的角度出发，在城市、山水、人文之间寻求一种共存之道。在大山水框架下营造绿地系统，在大文化背景下雕琢历史人文，在大交通系统下完善街巷体系。将大山水尺度化整为零，将历史文化融入老城区的每个角落，充分体现义乌的历史文化魅力，凸显城市名片与城市品牌，提高市的吸引力。

规划通过强化两个中心、构建水系生态网络、营造绿化景观廊道、完善历史街巷系统等四个层面的措施，将义乌老城营建成为一座会讲述历史的"文化之城"；一座会自由呼吸的"山水之城"；一座会开放交流的"国际之都"。

（1）两个中心的传承及营建

经前文分析，义乌城市具有开放、包容的性格，长期的和平促进了义乌市商业的繁荣发展，形成了义乌特有的双文化中心，即以绣湖和政府为核心的"历史文化中心"和以篁园市场及宾王片区为核心的"商贸文化中心"，对强化两个中心、唤起义乌市人民的记忆、展示义乌历史文化和商贸文化发展具有重要意义。

①绣湖文化中心的营建

无论是在历史上还是今日，绣湖及政府一带一直是义乌市最繁华的中心区域。历史上有

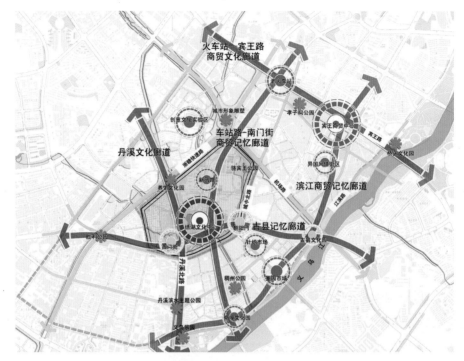

▲ 图5-9 老城结构体系分析图（自绘）

众多的重要公共建筑及空间，包括绣湖、大安寺塔、郑公堆、花岛、湖塘市、野鸭桥等等。儒学、书院、孔庙、东岳庙、城隍庙等文化类建筑环湖而筑，被历代义乌文人视为心中圣地及精神家园。新建的义乌市政府占据了历史上县衙的位置，但延续了义乌市行政和管理的功能，与绣湖相互呼应，共同构成了今日义乌市的文化中心。

营建策略：

整治绣湖水体环境，烘托绣湖和大安寺塔的历史氛围，并以此为主要形象，打造义乌市城市名片。

重现古城格局，采用不同手法重新阐释七门，界定古城边界，增强场所记忆感。

运用适当修复古建筑并恢复历史场景、合理改造现有历史建筑、增补与传统风貌协调的建筑、布置小品、整理绿化环境等方式，强化绣湖文化中心的地位。

根据当今城市功能需要，增筑文化建筑，使之成为义乌市集文化交流、历史展示、休闲旅游、观演展览等功能于一体的城市文化中心。

②宾王商贸中心的营建

商贸中心位于滨江发展区，地块具有良好的商业基础，其中以篁园市场和宾王两个贸易市场为典型代表。

篁园市场和宾王市场都建设于20世纪90年代初期，是义乌市最有代表的第四代市场。

商贸中心在原有市场的基础上，发挥地块在交通、自然景观上的优势，以特色商业为主导，复合金融、贸易功能，创造具有高环境质量，集休闲、餐饮、购物、办公于一体的高品质现代商业空间，形成义乌新兴的商业节点，为城市居民提供完备、便捷的生活配套服务设施和商贸文化展示空间。

营建策略：

在用地上，商贸中心以商业用地为主，置入金融、娱乐、贸易资讯用地，形成从有序工作到休闲购物，从经济繁荣到商业活力，从现代商业建筑到特色文化景观的综合型的用地功能组织。

在空间上，依托义乌江及滨水风光带，通过南北休闲绿廊的塑造，将自然景观引入城市区块。以"世界商都"为设计主题，以"通达和吸引"为设计目标，引导活力而有序的空间行为。

在建筑上，通过对建筑的控制——建筑后退、塔楼位置、裙房联系，促进休闲绿廊与室内空间的融合，丰富空间层次，塑造近人，且具有多样性的空间感受。

（2）城市记忆廊道的构建

①古城发展记忆廊道

明清时期的义乌古城是现今义乌发展建设的最早源点，也是蕴涵最多义乌历史记忆的段落，通过挖掘、梳理古城历史文化资源和拓展延伸脉络，在老城区范围内形成两条以古城发展记忆为主要线索的文化廊道。

丹溪文化廊道

丹溪文化廊道依托丹溪路基础，通过改造现状藏于路下的水系，融入丹溪养生文化及居士文化，并且串联两侧绣湖公园及西门街等优质城市文化资源，形成以生态文化、养生文化、居士文化为主要内涵特征的城市文化廊道。

养生文化园——丹溪路北段

改造现有水系及滨水绿地，以丹溪养生文化为主要内容，建设开放型的趣味生活游园，形成周边居民的公共活动中心。

历史文化集中展示空间——丹溪路中段

改造道路断面设计，通过将车行交通下穿等手段，打开盖于路面下方的城市水系，增加慢行空间，将绣湖与西门街区联通。

以义乌古城建设、历史典故为主要内容，通过环境小品、地面浮雕等方式展示，与绣湖公园、西门街区一体形成展示义乌悠久历史文化的核心廊道空间。

主题文化展示空间——丹溪北路南段

与滨江绿地相联通，在入江口设计焦点空间；拆除沿水系建筑，建设线性的绿地空间；以居士文化为内涵，通过连续性的雕塑、小品建设文化主题展示空间。

古县记忆廊道

古县记忆廊道以历史时期义乌古城空间拓展延伸线索为主要依托，通过对自朝阳门、迎恩门向东、西两个方向延伸所形成的空间脉络研究，提取历史文化资源，形成以古县文化展示为主的记忆廊道。

重要节点有西门街、朝阳门街区以及滨江路的古县文化园。

其中廊道西半段，起于朝阳门并向东延伸。空间现状原有肌理仍存，但内部空间较为杂乱，内部破败，应结合朝阳门、针织市场、滨江路古县文化园一并改造，串联起古城及义乌江，并向东延伸至鸡鸣山，通过产业升级、空间改造，形成集中展示古城空间拓展及义乌"江—城"空间关系演变的重要廊道。

古县记忆廊道的构建可借鉴北京朝阳门东西向城市空间脉络发展，西起故宫、景山，经美术馆、东四、朝阳门、芳草地、东大桥及CBD至通惠河地区，横穿这一区域的五四大街、东四大街、朝内大街、朝外大街、朝阳路也大体依循原有历史路线，延续了城市历史文脉。

这条城市记忆廊道西起明清皇城——故宫北门及景山公园，东至五四大街，串联起北京大学红楼、中国美术馆等重要建筑，形成东城地区重要的文化功能区并作为这一城市记忆廊道的起点；向东为东四地区，这一区域最早形成于元代，历经700余年历史沉积，历史古迹众多，并且由于区位因素一直商贾云集、市景繁华，是老北京商品经济发展记忆的核心体验区地区；继续向东则是朝阳门区域，自朝阳门至东三环沿线区域则是北京CBD核心区，是现今北京经济最为繁荣、城市形象最具标识性的地区之一，集合了众多城市地标级建筑，这一区域集中展示了北京近三十年经济建设成就，成为新北京的体验区。这条廊道继续向东至通惠河，最终形成了纵贯700年，讲述北京东城历史发展脉络的记忆廊道。

②商贸发展记忆廊道

车站路—南门街商贸记忆廊道

车站路—南门街区域是义乌商贸市场从萌芽起步至初具规模阶段的发展空间，义乌成规模的商品贸易起步于沿义乌江商埠的形成，晚晴时期沿义乌江北岸已经存在多处商埠码头，在民国时期的义乌县城图中已有下埠头、盐埠头、篁园等成片建设区，这些建设区多是通过南门与义乌城联系。

在浙赣铁路建设完成、义乌站投入使用后，义乌城与火车站之间区域逐步活跃起来。抗日战争时期新增了新马路，而在改革开放初期，借助火车货运的兴起，义乌城与火车站之间区域成了商品贸易发展的首要地区。湖清门市场、新马路市场快速地建设发展，这也是义乌第一、第二代小商品市场。

可见自连通义乌江的南门街地区穿过义乌古城，至湖清门、新马路、北门街、车站路这一区域是义乌商贸发展最早的起源地区，因此选取南门街—车站路作为承载义乌商贸发展记忆的廊道。

通过主要道路两侧区域的升级改造、功能提升，滨江商埠文化园、稠州公园、新马路商贸纪念区等核心节点的建设，南门街、新马路、北门街的道路景观改造，逐步形成展示商贸起步发展记忆的廊道空间。

滨江商贸记忆廊道

沿义乌江区域一直是义乌商贸发展的活跃地区，而篁园地区一直便是义乌沿江商埠贸易比较活跃的地区，自第三代市场向南发展后，义乌城市也逐步由向北蔓延转变为向北、向东两个方向拓展，义乌江沿岸区域更加活跃起来，至第四代篁园市场建成后，尤其是宾王市场的建成使用，促使滨江路一线成为义乌商品贸易最为活跃的地区。

现状篁园市场已改造为服装批发市场，周边正建设酒店、商业等服务业设施，宾王市场处于半闲置状态，周边为近年建设的宾王异国风情街区。未来滨江地区需依托义乌江沿岸公共空间，以宾王市场、篁园市场为核心，其中宾王市场以商贸市场保护、记忆留存为主，周边地区产业升级，打造核心商务文化区，展示城市现代风貌；重要节点如商埠文化园、古县文化园、桥头文化园进行重点改造建设，并且针对滨江路进行业态升级，形成体验义乌商贸业快速发展时期的城市记忆廊道。

老火车站—宾王路商贸文化廊道

义乌老火车站位于宾王路中段，已于2006年停止使用并拆除，这座车站最早建于1929年杭州—江山铁路的修建，后几经改造升级，至2002年，开行客车40多对，旅客发送人数374万，运输收入4亿元，占整个杭州铁路分局的十分之一。自建成至停用废弃的近80年间，义乌火车站可以说像一座发动机，一直带动着义乌的城市发展和经济建设，尤其是商贸业的推进。义乌老火车站的重要作用对于城市空间的发展是至关重要的，直接影响了几代义乌小商品市场的建设选址，一、二代市场建于老城与火车站之间的道路上，四代市场中的宾王市场建于火车站向东拓展的城市轴线上，老火车站—宾王市场之间形成的轴线是在义乌国际商贸城建成以前最为活跃的商贸地段，因此选取这一地段作为另一条城市商贸发展记忆廊道。

廊道构建中应注重老火车站广场地区及废弃铁路资源的利用，结合宾王路的打通，原有火车站广场可作为以铁路建设、商贸发展为主题的下沉式城市纪念广场，废弃铁路可选择性保留，并结合桥下绿地空间建设，延续城市记忆。沿宾王路两侧可通过街头绿地、街道设施等公共空间改造升级延续城市记忆，另外宾王广场需进行改造，增加商贸文化和历史名人文化的元素，作为城市文化展示的重要节点。

（3）水系生态网络的营建

水是城市的脉和魂，也直接影响了义乌老城的历史格局，水文化是义乌城市文化的重要组成部分，在营建中不仅要保护水体的生态性，而且要挖掘其文化特征，保护和延续它的文化价值、精神内涵和美学特征。

水系生态网络的营建要坚持以下三项原则：

①生态。生态环境是城市环境的本底，水系的生态环境是整个义乌环境的指标。将空间的生态性放在第一位，用生态的营造手法，打造城市中独具特色的自然景观。

②文化。文化是义乌城市其不同于其他城市的特有属性。用过对景观、小品细节的处理，赋予其独特的文化色彩，能够增强城市的标示性，增加民众的心理认同。

③活力。滨水空间往往是城市重要的开放空间，是市民最主要的活动场所。通过滨水空间的带动，能够促进整个城市的生命活力。

自古至今，义乌江都是义乌市的母亲河，义乌老城的建设也是伴随着义乌江支流向北延伸，在低洼位置扩展成水面（即绣湖等）而逐渐形成的。在历史上，老城一带水系发达，古桥众多，人与水的关系密不可分。

明清以来，随着义乌市城市建设的不断扩张，大量的水域被城市建设掩盖。绣湖及其相关水系不断被挤压，今天位于义乌市中心的绣湖水面，不足原来面积的五分之一；老城内的多条河流被填埋，部分河流上修筑了水泥堤岸，水质日益恶化；人与水的关系由密不可分变为难以亲近，水系网络到严重破坏。

营建措施

水是城市空间的有机组成部分，在传达历史信息的同时，也是当代人们休闲文化生活与城市发展的精神场所。美化绣湖及其相关水系，营造丰富的亲水环境是建设现代化义乌，展示义乌文脉的重要组成部分。

规划将"秀湖山水"引入老城，结合各

▲ 图5-10　新中国成立前老城水系

水系，形成滨水景观带，将地块内的开放空间串联起来，引导市民亲水、看水，强化城市的滨水活动体验。在滨水空间的营造上，根据水系自身的不同个性，打造多样性的活动体验场所，构筑"秀水回环"的良好生态环境和独具特色的城市形态。

规划依照历史肌理，结合现代城市绿化系统，采取对老城区水系进行系统梳理，对部分历史河道予以重现，结合绿地和广场营造湿地、浅池空间，美化河流堤岸，丰富水生植物，复原部分资料充足的历史桥梁，并征集兴建多条各种特色桥梁横跨河道，适当布置叠水、喷泉、石头、雕塑、栈道等小品，配以灯光、声乐及水生植物和观赏鱼类等一系列措施，使人们在走近自然、融入自然的过程中，充分体验到大自然的美妙与神奇。

在营建中强调对城市河流水系、生态格局的保护；注重对其周边场地雨水的收集和利用，减少排水管网的铺设，并承担排涝、调蓄功能；建设净水设施，保持水质清洁。

总体格局：义乌水系生态网络在现状水系的基础上，疏通了两条南北向水系：一条连接绣湖和稠州公园、义乌江的街巷水系，一条沿机场路景观带的通廊水系；两条东西向水系：

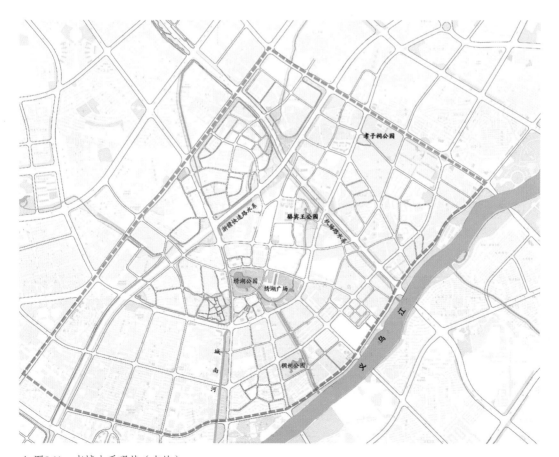

▲ 图5-11 老城水系现状（自绘）

一条贯串老城区的街巷水系，一条沿西城路景观带的廊道水系；并增设了政府广场水系景观，形成老城区水系密布的生态网络格局。

①义乌江水岸空间营建策略

义乌因水而商，因商而盛，因盛而名，义乌江在义乌的发展历程中起到了推波助澜的作用。时至今日，随着铁路和高速公路的发展，义乌的水运交通逐渐退隐，但滨江沿线是现在市民日常休闲的好地方，未来义乌江旅游开发通航将成为义乌市旅游的热点。

增加水上活动：结合绿化和公园合理设置旅游码头，重现义乌江的水运文化。

增设江中构筑。在不妨碍水利防洪的前提下，可利用凹岸等水域，适当设置江中景物，丰富义乌江的空间景观层次，并提高滨江游览的趣味性。

改造亲水岸线。通过增筑伸向水面的平台；选用及软质+硬质结合的驳岸形式；引入部分江水，在江边形成湿地等多种方式使沿江岸线丰富变化，亲切宜人。

▲ 图5-12　增设水上活动（来源于网络）

▲ 图5-13　增设江中构筑（来源于网络）

②绣湖水岸空间营建策略

绣湖历史上是"泱泱大湖"，具有宽阔、浩荡、秀美的性格，在营建中应予以展现。

扩大水域。根据城市建设尽可能扩大其水域面积，尤其是向西北进行延展。

增加构筑。依据历史记载，恢复或意向性重建花岛、野鸭桥等构筑物，丰富水面空间层次。

丰富岸线。采用植物、广场、雕塑及生态驳岸，丰富绣湖岸线空间。

③丹溪路水岸——城南河空间营建策略

丹溪北路的修建占据了城南河的空间，城南河大部分水面被掩盖在路面以下成为暗渠，仅路中心有3米宽的水面提示了城南河的存在。车行路对行人靠近、视线望及城南河带来很大阻碍，同时也切断了绣湖与义乌江的贯通关系。

▲ 图5-14　改造亲水岸线（来源于网络）

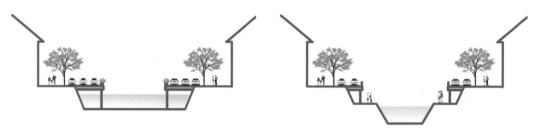

▲ 图5-15　丹溪路原水岸断面示意（自绘）　　　▲ 图5-16　丹溪路整治后水岸断面示意（自绘）

考虑建设可能性，建议适当减少车行道宽度，打开城南河道，利用车行路下的空间布置滨水步行空间，设置连续的步行小道，提供居民日常健身、散步的可能。结合两侧商业空间的建筑退后红线空地，可作为室外的餐饮及休闲场地。沿河设置步道或平台广场式硬质驳岸及亲水步行道。

④快速路水岸空间营建策略

快速路的水体以浅水为主，与花带、树丛交相呼应，形成若隐若现的趣味空间。滨水空间主要以绿地为主，绿地的景观布局主要采用流线形。在植物配置上，中部主要为乔灌木，近道路两侧满铺矮灌木，并组合形成一定的图案，从而形成丰富的滨水绿化景观，以简洁、

▲ 图5-17　城南河现状

▲ 图5-18　街巷滨水空间营造示意图（来源于网络）

▲ 图5-19 快速路水岸空间示意（来源于网络）

优美而大气的构图体现现代城市形象和生活气息。与此同时，绿地内应有连续的步行道，提供观景、步行的功能。

驳岸：以软质缓坡驳岸为主，配植亲水植物。

（4）交通系统的营建

义乌老城的历史街巷格局基本延续了以绣湖为中心，环状分布并向义乌江发散的格局。随着城市不断发展，两条快速路穿越老城区，很多道路进行了拓宽和连通，城市交通更加便捷，但传统的肌理相对弱化，需要在街巷细部予以体现。目前老城街巷的名称与其相关的重要历史建筑有密切联系，能唤起人们的场所记忆，应予以保留，并对新规划道路的名称进行适当引导。老城区的街巷按照主要功能分为以下四类：

历史文化展示路：西门街、北门街、南门街、县前街、丹溪北路。

商业文化展示路：稠州北路、稠州中路、篁园路、宾王路、三挺路。

城市景观展示路：浙赣快速路、机场路、江滨北路、江滨中路。

生活文化展示路：西城路、城中西路、城中北路、化工路、工人西路、新马路、香山路。

这四类道路要依据各个地段的主题定位和自身特点，强调城市空间与道路空间，各街区沿街建筑之间以及环境、设施、小品之间的整体性设计，对于现状保留的风貌不协调的建筑物，通过立面的整饰和改造使其与整体风貌相协调，同时充分考虑到每个街区和建筑的个性化设计，确保整条街道空间也具有多样性，不致过分单调、缺乏变化。在此基础上，提出相应的城市设计导引，规划协调各段的建筑、构筑物体量、色彩、符号、风格以及视线的控制，并运用绿化种植、标识牌、长椅、路灯等营造出主题统一的传统风貌。

①历史文化展示路

西门街、北门街、南门街、县前街作为历史街巷，要着重对街巷的比例尺度、铺地方式及材料进行控制，保持或恢复传统肌理。改善基础设施，并进行隐蔽设置，如电力线及给排水设施埋地敷设，原有杂乱电线入地或贴墙隐蔽布置；结合历史片区改造，增加公共社交场所及停车空间。

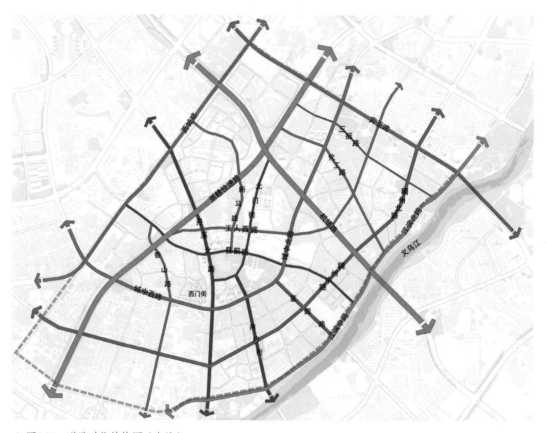

▲ 图5-20　道路功能结构图（自绘）

▲ 图5-21　慢行系统示意（来源于网络）

▲ 图5-22 街巷立面改造示意图（来源于网络）

丹溪北路是临近义乌老城中心区域的近现代城市道路，路幅不宜过宽，满足旅游交通即可。两旁人行道及绿化带尽量保持整体性和连续性，间隔一定的距离设置相对集中的购物、餐饮、服务设施，营造亲切的旅游环境。通过雕塑、展示墙、小品等现代艺术手法展示义乌的历史文化。

②商业文化展示路

义乌是一座商贸城市，商业的痕迹随处可见，商业文化展示道路应着重凸显商业氛围，注意应用传统符号及色彩使新老建筑和谐统一，最终形成传统风格的街巷立面，保护传统老店，并对新店铺的标识、招牌的形式色彩进行控制，使其符合传统风貌的要求。

③城市景观展示路

这类城市道路要提高道路绿化的比例，合理布置公交系统，提高历史片区的可达性；同时提出崇尚步行的理念，增设自行车租赁点，并结合绿化景观廊道构建慢行交通体系。

对于那些幅面宽大，起拱较高的新建公路桥，在不影响城市交通的前提下，适当整饰，进行美化贴面和栏杆及路灯装饰。

▲ 图5-23 街巷环境营造示意图（来源于网络）

▲ 图5-24　利用墙体雕塑进行展示（来源于网络）

④生活文化展示路

这类道路是市民行走和车辆行驶在城区中接触最多的道路，要重视功能分区和场地设计，充分考虑人的活动空间和行为心理，根据不同区段的功能和环境，通过设计手段体现以人为本的设计思想，道路要有宜人的比例尺度及花木配植，提供足够的休息空间和停车空间。沿街布置小体量的休闲性建筑，并控制周围的建筑形态，营建具有现代人文气息的景观街道，保证行人和车辆行进的舒适性。对于新建道路，如其比例尺度过于宽大，应通过绿化、小品的设置丰富其空间环境，在视觉上缩小其尺度感，打造既体现城市特色，又具有现代气息的特色街道。

（5）绿化景观系统的营建

通过绿化景观系统的营建，渗透老城区的历史文化，结合城市水系生态网络和交通系统的构建，营建"一心、三片、四廊、多点"的网状绿化景观系统。"一心"即绣湖公园及绣湖广场绿化中心；"三片"即稠州公园绿化片区、骆宾王公园绿化片区、孝子祠公园绿化片区；"四廊"即义乌江旅游文化廊道、丹溪北路历史文化廊道、浙赣快速路廊道及机场快速路现代文化景观廊道。

①"一心"营建策略

在《义乌市绿地系统规划修编（2011—2020）》中，绣湖公园定位为市级公园，连同其东侧的绣湖广场，共同构成义乌市老城区的绿化景观中心，在营建中要充分利用历史文化、名人文化的人文景观资源，丰富公园的文化内涵；采用城市公园的形式，发挥其生态效益，为城市居民提供游憩、休闲、集会、健身的场所。

②"三片"营建策略

根据绿地系统规划，稠州公园、骆宾王公园、孝子祠公园为区级公园，在营建中要完善为周边片区服务的相关功能，通过雕塑、景点景区命名、标识牌、书画展等方式突出其历史主题。如稠州公园突出稠州历史，骆宾王公园突出骆宾王的形象、事迹及典故，孝子祠突出中华孝文化。

③"四廊"营建策略

四条廊道构成义乌老城区的翡翠项链，在绿色廊道概念下，将历史文脉与绿色廊道紧密结合，把自然景观、历史地段、城市风貌及沿途景色联合起来开发成一个大型的公共产品，从意象上构建义乌市"近山包络"的山水之城。

在构建城市水绿生态环网，形成山水环城的格局的主题框架下，内部预留绿化通廊、公园、公共绿地、街头绿地等，将山水景观引入城市，将绿化融入城市每个角落。

游览方式：公交换乘、慢行系统、自行车租赁、专线旅游观光车。

a）义乌江旅游文化景观廊道

义乌江是义乌的母亲河，见证了义乌市历史文化的变迁及现代城市的繁荣，因此要重点体现母亲河的人文精神，展示历史发展脉络。

该廊道主要采用标识的方式将历史脉络与新的城市功能进行意向性融合，加强历史信息

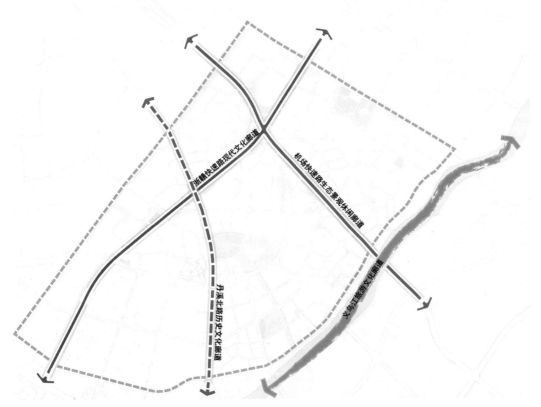

▲ 图5-25　义乌老城景观廊道分析图（自绘）

风貌特色的识别性，增强新功能的历史文化内涵，并突出其旅游功能，以旅游为特色，形成最有义乌特色的活力景观带。即通过发展旅游功能需求，向游客展示义乌城市发展风貌，同时增加景观附加值，带动义乌旅游业及相关产业的发展，推动经济的发展。

营建措施：规划以促进义乌江活力、延续和彰显义乌文化、塑造高品质的滨水景观为目的。将现有的滨江广场予以整合，按照义乌市历史文化发展的脉络布置主题广场，使其成为宣传义乌历史、展示义乌发展的直接窗口，同时为市民提供文化休闲、科普教育、滨水休闲、康体旅游、商务会展等功能空间。

主要节点：目前沿义乌江北岸有8个主题江滨公园。自东向西分别是江滨主题公园、体育游憩园、商业文化园、花鸟世界园、义乌乐园、稠江一公园、稠江二公园、稠江四公园（其中在地块内的为：商业文化园、花鸟世界园、义乌乐园），虽然主题丰富，但是缺乏联系，缺乏义乌独有的代表性。

建议以义乌市商业发展为主题，对义乌江滨江公园进行整合。采用场景雕塑等景观手法，集中展现义乌商业发展的不同阶段特征。

桥头文化园：桥头遗址属于上山文化晚期遗址，是义乌市域内发掘最早的人类遗址，直接证明了义乌的文化起源。该园内可布置桥头文化遗址出土的陶器和石器的仿制品，并以文字、图片等形式展示桥头文化。

古县文化园：始建于秦代的乌伤县是义乌市城市建设的源头，该园内可介绍乌伤县的选址、建城、发展的历史，并适当展示出土构建的仿制品。

商埠文化园：义乌正是从商埠、货郎担开始，成长成为今天的国际小商品之都。在义乌江沿岸，可借鉴佛堂古镇的商埠形式，建造沿岸商埠景观节点，建设商埠游线。

b）丹溪北路历史文化景观廊道

丹溪北路作为最靠近义乌老城核心区的城市干道，体现了城市历史的延续。该廊道的营建主要突出其文化功能和教育功能，通过纪念性游园、纪念性雕塑的建设，延续城市历史

▲ 图5-26 孝义文化展示示意图（来源于网络）

文脉。

营建措施：在尊重自然和历史、突出特色、提高城市建设文化品位的思想指导下，突出山水特色，强调环境艺术设计，以山为背景、以水为特色、以绿为主调，将水、路、绿、城融为一体，展现山水城市的历史风貌。

主要节点：丹溪北路街巷空间较窄，绿化景观营建主要以行道树带状绿化和点状绿化为主，结合城南河布置花带。同时选择体现义乌文化的主题雕塑和展示墙，展示义乌的中医文化、居士文化、忠勇文化。

中医养生文化：沿丹溪河设置橡胶和卵石材质的养生步道，在节点处可设置小型广场、草坪等开场空间作为健身娱乐场所，并设置相应的健身活动器材。

居士文化：沿河可采用壁画、小品的形式体现居士文化。打造若干相对安静的空间节点，在植物配置上，可选用菩提树、七叶树、无忧花、曼陀罗等与佛教相关的植物，并可通过水池、灯台等小品的应用，营造禅意空间。

忠勇文化：沿街设置主题雕塑，展示宋代宗泽抗金与明代义乌兵抗倭以及洛统、二乔的三国文化。

c）快速路隔离绿带景观廊道

城市快速路是义乌城市的骨骼，其景观的建设对提升整个城市的形象尤为重要，考虑车行观赏景观为主，规划建议采用大尺度的造景手法，以树林、花卉、草坪进行构图。

老城区主要有两条快速路穿过，一条是沿旧铁路线的浙赣快速路，另外一条是直接通往机场的机场快速路，两侧都规划有较宽的隔离绿带。

主要功能：

城市安全功能：即作为老城区与外界联系的主通道之一，其城市主干道的作用显而易见，同时大面积的绿化和水系为城市安全防灾提供了空间。

交通安全功能：对快速路两侧的建筑、绿化、设施、小品等进行系统性、连续性及完整性的设计，满足驾驶人的视觉要求及心理状态，缓解行车压力，减少视觉疲劳，防止交通事故发生。既能形成优美的道路景观，增加驾驶乐趣，又能提高行车的安全性和舒适性，对交通安全产生有利的影响。

绿化生态功能：以大尺度绿化为主，通过植被色彩、疏密、高矮的变化，凸显其景观效果，在起伏变化的地形上栽树种草，成为一道绿色的"屏风"。通过微地形，不仅能够隔绝噪声，也在一定程度上阻隔了来自主干道上的浮尘和尾气污染，提高城市环境质量，改善局部小气候。在操作上可利用水系的开挖与地形起伏的土方量进行互补，减少资源的浪费，丰富绿化植被种类。

文化展示功能：对两条快速路相交的"高架互通绿化核心"空间进行有效利用，安排墙体艺术、绘画、雕塑等对义乌生活生产空间及非物质遗产进行展示，并在营建中体现义乌的孝义文化和义乌精神。

孝义文化：在环境景观的塑造过程中，体现对年长者的关怀是孝义文化的最好体现。在环境设施建设中，充分考虑老年人的需求，提供无障碍服务设施。沿河布置座椅，开辟老年人专用的活动场所。

义乌精神：义乌地处浙中金衢盆地，一不靠海，二不沿边，山多地少，土地贫瘠。近几年来却创造了令世人瞩目的经济奇迹，这成功的背后，是义乌人文精神的推动和发展。义乌精神代表着义乌的现在，也昭示着义乌的未来。"勤耕好学、刚正勇为、诚信包容"这12个字是义乌精神的真实写照。在现代公园、绿地中，以雕塑、装置以及相关活动的设置，体现出这一精神的内涵所在。

（6）高度控制策略

城市空间形态是城市文化、城市气质最直观的反应，对于义乌老城而言，现今的城市空间形态与其内部的城市业态密切关联，呈现出明显的均质性，高层建设较为随意，未经过规划控制，天际线较为凌乱，景观效果较差。未来老城区域在营建文化特色的过程中，需要充分考虑营造文化氛围这一影响要素来控制老城区的空间形态。

因此，我们建议老城区内应以历史文化价值的重要程度和认知的重要程度为依据，在老城范围内强化文化氛围的营造，城市空间形态建设上本着强化核心、控制廊道、分区发展的思路，将老城区内空间发展建设划分为四个控制层次不同的片区：敏感高度控制区、一般高度控制区、一般建设控制区、高层建议建设区。

①敏感高度控制区

反映义乌市空间特色的核心区域及滨水景观控制区，包括绣湖及周边、西门街、骆宾王公园、孝子祠公园、义乌江等最能反映城市历史空间特色的区域。该区域视觉景观质量必须得到严格保护，区域内的建筑建设高度应该经过仔细的论证与分析，一旦确定，就要严格控制，不得突破。避免出现新建建筑影响甚至阻隔重要视觉景观通道的情况。

②一般高度控制区

次一级视觉通道控制地区，一般高度控制区的高度控制相对严格，在特殊条件下允许有局部的突破。一般高度控制区的高度控制主要取决于街巷的定位和视觉廊道的要求。

③一般城市建设区

不涉及展现宏观层面城市空间结构特色的区域。建筑高度可放松控制，但是建议高层建筑在相对集中的区域内建设。

▲ 图5-27　绣湖周边高度现状（自摄）

④高层建议建设区

　　建议高层建筑在此区域内进行建设，弥补老城区历史片区开发容量，义乌江滨江公园以外、快速路两侧地块，建议建设高层建筑，以形成良好的城市天际轮廓线，展示城市形象。

▲ 图5-28　高度控制分区图（自绘）

3. 城市新建设区域空间特色发展分区

（1）现代城市景观核心展示区

经过30余年的快速发展，义乌取得了非凡的经济成就，小商品市场已被联合国认定为世界最大市场，义乌已发展成为世界商都、国际商贸特区，作为展示现代化、国际化商城形象的空间承载，义乌的城市中亦应有集中成片的展示现代化城市景观的区域。

中央商务区（CBD）和义乌江南岸的环湖中心区域是以金融、商务、会展为主的城市核心发展区，这一区域在未来城市文化特色营建中应注重现代特征，突出展示城市建设成就，城市风貌以现代化、多样化为主，营造能够展示义乌未来发展形象的现代城市景观核心区。

（2）城市门户形象展示区

义乌作为世界商都，对外联系繁忙，义乌机场、高铁站地区是进入义乌的首要门户，其周边地区也是展示义乌城市形象、城市气质的重要区域。在义乌城区中，靠近机场、高铁站的北苑地区，以及靠近机场路、浙赣快速路等城市主要出入通道的区域应作为城市门户形象区处理，空间应通过大型雕塑、景观绿化等手段彰显义乌"世界性、开放性、多元性"的商都特征。

（3）产业景观展示区

"贸工同城"是义乌城市发展的重要特征，商贸业与商品制造业的良好互动是促成义乌快速发展的重要因素，在义乌城市中不仅有各色各类的商品贸易市场，同时环绕义乌中心城区亦形成了以小商品制造为主的工业园区，这些园区空间同样是义乌城市形象和文化特色的重要部分。

因此在市域内的城市文化特色构架中，具有义乌特色的产业文化展示是非常重要的一环。在义乌城市空间中，已经基本形成了环绕中心城区的环状产业用地分布，义北地区的大陈、苏溪、廿三里组团以服装加工和小商品制造为主，北苑地区以袜业、针织品为主，开发区则是以综合门类以及产业孵化为主，这些产业组团均以形成较强的产业规模和空间规模，在城市空间发展中应加强产业组团的形象和差异化展示，注重空间辨识性和环境保护，将环绕义乌中心城区的多个产业组团打造为展示义乌产业文化特色的重要环带区域。

（4）义南人文生态景观展示区

义乌是浙中城市群的核心城市，与周边的东阳、金华市区已基本形成城市连绵区，正是在这种情形下，村落、农田、河流水系等组成的乡村景观成为稀缺资源，而乡村文化应该是城市文化展示中的重要部分，因此在义乌城市文化特色营建中需注重对乡村的保护和展示。

义南地区是义乌乡村形态维持较好的地区，古镇、古村落保存较多，义乌江两岸及南北山系生态景观完整连续，且山系与水系之间廊道保护较好，虽有近年来城市建设快速推进，但仍能明显地感受到乡村的聚落形态和义乌原本的生态基底，因此在城市文化营建中通过对古镇、村落、河流水岸、绿色廊道、农田景观的保护将义南地区作为人文生态文化的展示区域。

5.4.3 老城核心区传统空间特色营建

1. 资源梳理

（1）历史可利用资源

古城格局展示资源：朝阳门、南熏门、迎恩门、湖清门、拱宸门、通惠门、卿云门。

古城文化展示资源：县衙、儒学、书院、城隍庙、东岳庙、大安寺、社稷坛、山川坛、演武场。

历史街巷展示资源：北门街、县前街、南门街、西门街。

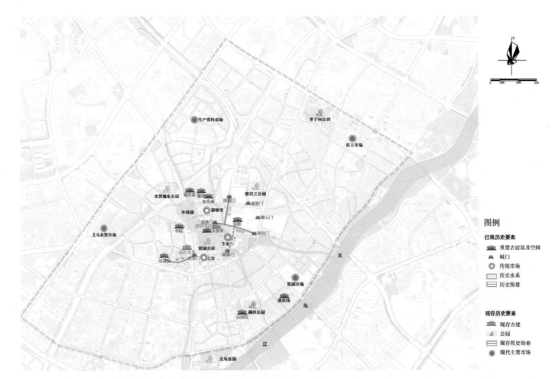

▲ 图5-29　老城区特色资源分布图（自绘）

传统街市展示资源：湖塘市、上市、下市。

（2）现状保存资源

公园：秀湖公园、骆宾王公园、稠州公园、农贸城东公园、义乌江滨江公园。

市场：篁园市场、宾王市场、生产资料市场、义乌农贸市场。

2. 现状建设条件梳理

（1）重点改造地块

建议对古城现存历史文化资源集中的区域以及对古城传统风貌影响较大的区域近期进行重点改造。

重点改造地块包括：西门街历史片区、绣湖公园、绣湖广场。

（2）重点更新地块

建议对古城内容积率低、居住环境较差的区域予以重点更新。

重点更新地块包括：西门街北侧地块、新马路市场及周边地块、朝阳门停车场及周边地块等。

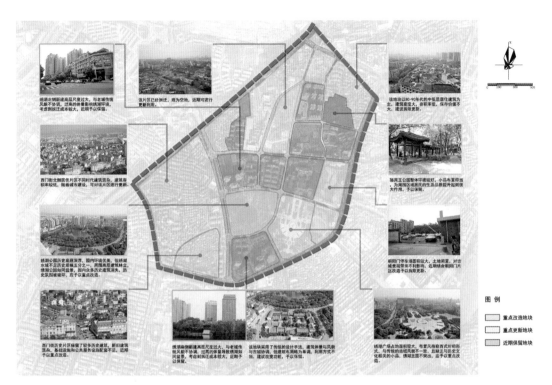

▲ 图5-30　老城核心区改造建设方式建议图

（3）近期保留地块

建议古城内环境较好的地块、容积率较高的地块、新建地块以及拆迁难度大的项目近期予以保留，远期对其改造使之与古城历史风貌协调。

近期保留地块包括：骆宾王公园、义乌市政府、绣湖新家园及绣湖公寓，以及部分新建高层建筑等。

3. 核心区发展构思

（1）功能定位

划定以绣湖为中心、包括义乌历史城区发展范围为主体的区域，包括西门街、朝阳门、新马路等地区为老城核心区，作为义乌市发展文化产业、延续历史文脉的核心空间，进行文化形象重点塑造。老城核心区定位为以文化展示、休闲娱乐、高端消费为主要功能，面向义乌市民的精神文化空间，面向外地及国际友人的文化展示空间，多空间与功能为一体的传统特色文化保护、展示与体验核心区。

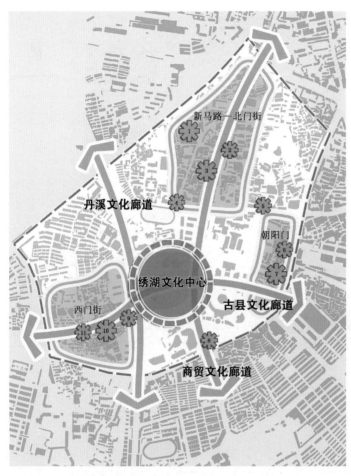

图 例
1　商城文化纪念馆
2　拱辰门遗址
3　商贸发展纪念广场
4　湖清门遗址
5　通惠门遗址
6　卿云门遗址
7　复建"朝阳门"
8　文明门遗址
9　复建"迎恩门"
10　西门老街
11　社稷坛

▲ 图5-31　古城核心区空间结构（自绘）

（2）空间结构

城市的魅力在于特色，而特色的基础又在于文化，城市文化蕴含了整座城市的活力、吸引力和生命力，是城市文明程度的集中体现，也是决定城市品位和城市发展潜力的文化力量。规划根据历史价值、历史要素保存情况及现状主要功能等要素，将老城核心区细分为"一中心、三廊、三片区、多节点"的空间结构。

"一中心"：

即绣湖及其周边整合提升而成的文化中心区。

"三廊"：

丹溪文化廊道：依托丹溪复建水系及绿化廊道，通过不同段落的文化内容展示形成特色景观廊道。

古县文化廊道：通过串联西门老街、绣湖公园、绣湖广场、朝阳门等义乌古县城历史记忆节点，形成古县文化展示廊道。

商贸文化廊道：通过新马路市场、湖清门等商贸文化发展记忆节点，整合提升，注入文化体验功能，并整修北门街、新马路、车站路、湖清门街、南门街等义乌商贸起步阶段的重要街巷，形成商贸文化体验廊道。

"三片区"：

朝阳门片区：以"义乌城市记忆"为主题的城市高端时尚消费地。

西门街历史街区：以本地化高端体验为特色的"义乌老街"。

新马路—北门街片区：以展示近现代商贸发展为主题的纪念空间。

4. 老城重要片区的空间营建策略

为形成完整统一的古城风貌，结合历史资源和可建设条件，近期选取绣湖片区、朝阳门片区、西门街片区、新马路片区进行重点改造和文化特色营建。

（1）绣湖文化中心营建策略

绣湖片区是老城核心区的中心地带，历史上重要建筑和空间主要有大安寺、儒学、城隍庙、东岳庙、湖塘市、湖清门等，现有绣湖公园、大安寺塔等。

该区域定位为"弘扬义乌文化、传承义乌精神"的义乌市精神文化核心。

该区域主要营建策略：该区域可用空间较少，主要以改造为主，对历史重要人物、事件进行组织整理，凸显绣湖文化中心。

①绣湖文化景观体系建设

环绣湖文化景观是展示义乌文化的重要窗口，目前绣湖主要问题是空间层次缺乏，传统文化薄弱，众多环绣湖的文化景观未能塑造形成义乌市特色文化形象。

营建建议：

a）通过重建绣湖中心花岛，丰富绣湖空间层次，增强其观赏性。

b）恢复绣湖南北双亭并峙的景观，在绣湖南面建挹绣亭和撷芳亭，北面建绣光亭和清胜亭，丰富市民文化活动空间。

c）绣湖周边塑骆宾王、戚继光等重要历史人物雕像，展示人物特色和重要事件，陶冶市民文化性情，培养义乌市民文化自豪感。

d）丰富绣湖广场文化景观，绘制成图后通过灯光、铺地等多种形式，展示义乌各历史阶段的城市空间发展脉络和城市形象。

②书院文化景观体系建设

绣湖历史时期书院众多，市内书院在元、明时都曾重建，有私人所建的五云书院、淑芳旧院，也有知县捐建的绣湖书院等，曾称盛一时。书院文化，对展示义乌市凝重丰富的历史文化具有重要意义，因此营建策略建议在绣湖北岸修建义乌书院文化馆。

书院文化馆采用清代义乌儒学基本型制，建筑风格尽量采取义乌传统的白墙黑瓦，小体量，多空间的形式，要求整体设计素雅，讲究表现材质、色调和体量、虚实的对比效果，显示其朴实自然之美，反映了文人的建筑观点，满足人们文化生活的需要，缓解身心的压力，提高自身的文化修养。书院文化馆采用开放的布局方式，并注意营建好绿化空间，与南侧绣湖、大安寺塔等传统元素互为景观视觉中心，达到自然与人文景观的综合互补，且充分发挥以自身绿化改善城市质量的作用，为人们提供绿色的公共空间，使人们在宜人的环境中进行文化活动。书院内除展示义乌市传统各个书院的特色、型制格局外，还负责组织承办义乌市书画交流、历史文化交流、民俗文化素材整理收集等文化相关领域工作，承载展览、集会、教育、学习等重要功能，是义乌市文化活动中心场地，可以为城市市民以及外来人员提供集中的文化活动、服务设施和交往空间，可容纳义乌市文化局以及各类社会团体协会组织，并对周边地区产生辐射作用。

③整体景观文化风貌控制

对于现存的历史建筑物及环境要素，如绣湖、大安寺塔等进行重点保护，并改善其周围环境。针对现状的高层建筑及退让不足的大体量建筑，规划采用布置小尺度的传统风貌建筑和栽植高大乔木相结合的方式进行景观处理，如绣湖南侧种植高大乔木，对南侧的高层建筑予以遮挡，尽量营造安静、秀美的空间。

对于有资料的历史重要建筑物，在资料充足的条件下，可以进行复建，如建设条件不允许，可通过铺地的变化进行基址提示。

对于已不存的历史重要建筑，如儒学、东岳庙、城隍庙、县衙、湖清门、拱宸门、通惠门、卿云门等，规划通过标识、雕塑、引导牌等小品及地面铺装的变化等独特的设计提示义乌城历史格局，并保护今仍存的湖清门、通惠门等地名。建议朝阳门依据历史资料进行恢复重建，重建后作为重要城市空间节点配套设计朝阳门广场。其他城门采取遗址标示的形式，经勘测探明城门遗址范围后，原址对地基进行特殊铺地标示展示。

对该区域的整体风貌进行较为严格的控制：绣湖周边的街巷要延续环绕绣湖为中心的肌理；政治文化中心区街巷延续相对规整的历史肌理；色彩采用白、黑、灰的主色调，与传统风貌相协调；建筑尽量采用小体量的尺度营造亲切宜人的城市空间；改造绣湖堤岸及水系，增加亲水空间，增植树木及绿化，改善小环境。

由于多方面的原因，区域内的文物与遗址及其环境变异很大，原有的肌理和人文内容逐渐被现代的多层居住、办公、商业建筑所取代。老城核心区面临着古城格局的保护破坏、文化资源的挖掘不足、新老城的空间过渡过快等方面的诸多问题，不但有损于历史形象，还不利于展现历史遗产的风貌特征，严重影响社会公众合理地利用这些遗产。现在虽大部分历史建筑、构筑物已不存，但以绣湖为中心的基本肌理尚在。因此，规划对于部分破损的历史肌理加以修复，对古城格局进行梳理和强化设计成为老城营造的重点。其营建方式主要以明清的辉煌景象为参照，通过对文化内涵的进一步挖掘和利用，有重点地恢复部分历史风貌，再现义乌城繁华景象。

（2）朝阳门片区营建策略

①发展现状

朝阳门是义乌古城的东门，于1988年在城市道路改建中拆除，原有城市地形也由于道路改造已不复存在，现状仅留存一处遗址标记碑，遗址两侧原为五层商业建筑，已于2013年7月爆破拆除，现状朝阳门及周边地区仅剩朝阳门停车场一处能记载历史的空间实体，城市记忆保存受到严重威胁。

②价值特色

朝阳门位于县前街东端的金山岭顶，历史时期朝阳门有着非常重要的作用，"经朝阳门出东南通东阳，前有鸡鸣山，城郭筑渡春亭，每年迎春于此"，朝阳门外的景色秀美，崇祯时期义乌县令曾这样描述朝阳门：

◀图5-32　清嘉庆年间
朝阳门区域

◀图5-33 朝阳门片区
历史照片（来源于网络）

◀图5-34 八十年代建设
的朝阳门（来源于网络）

"鸡鸣山气上昭峣，晓拥红轮出海峤，为有宵衣劝圣主，始知曙戒动臣僚。千寻雉堞丹霞蔚，万井龙鳞绿墅遥，东作方殷军国计，敢忘匪懈报中朝。"

在朝阳门发现有春秋古井一处。昔日城门内外均为民宅，城外绿柳婆娑，风景宜人，民宅散落，水渠纵横。晋郭璞依据水质、水量所凿贵井在朝阳门外50步（约75米），井水甘美，遇旱不干涸。

另外，朝阳门在义乌人的生活习俗中也占有非常重要的作用，据记载，朝阳门是义乌人每逢节庆进行庆祝活动的地区，迎春、婚事嫁娶等都需要通过朝阳门。

可见历史时期朝阳门外的景观特色明显，这样独特的地理环境也形成了独特的人文传统，使得朝阳门对义乌人来说有着特殊的意义。

在改革开放初期，朝阳门对于商城义乌来说同样意义非凡；朝阳门曾经记载了义乌经济腾飞的起点，承载了义乌兴盛时代的光环。朝阳门附近曾经在20世纪90年代是最为繁华的街区，是义乌经济繁荣象征的一个缩影，1990年，新的朝阳门大街顺利竣工。朝阳门"服装精品街"形成，吸引了包括东阳、金华、浦江在内的周边县市很多市民慕名前来采购，成为义乌城区的最繁华所在。因此在许多义乌人的心目中，朝阳门已经是一条商业街的代名词，几乎就是义乌的标志性符号。

因此，朝阳门对于义乌的价值是贯穿古今的，历史时期记录着义乌古城的秀美风景和风土民俗，改革开放后又历经了义乌商品经济的萌生和起步，虽然后来陨灭在城市现代化建设中，但是它对于义乌人的记忆价值却丝毫没有缩减，已成为义乌传统文化精神的空间寄托。

③核心发展问题

a）朝阳门的复建

朝阳门是最后拆除的一座城门，昔日的繁华景象已荡然无存，但朝阳门有遗址存在，据记载，城门修筑于地势较高的金山顶，砖石砌筑城门，外无瓮城，城上木结构门楼两层，面阔三间，但城楼因年久失修，至1949年解放时已经塌坏，存有门洞，并于1988年道路施工拆除，现状仅存一块石碑记载旧址。作为义乌古城七门中唯一留有确切遗址和图像资料可循的城门，其记忆价值、文化价值、城市标志价值均非常高，因此我们认为可以采用基址提示的手法，对其进行历史格局展示。研究认为应在严格考证的基础上，对朝阳门主体建筑予以错位修复性建设。

具体修复建设思路为：突出"门"的概念，在现有遗址的东侧选址，新建一处既能够传承历史文化又极具现代感的城市雕塑，雕塑应横跨县前街，用一处实空间来延续记忆，并在其南侧绿地空间通过影像技术重塑原有城门，并选取区域讲述朝阳门及周边地区的发展变迁及历史意义，用一处虚空间来讲述历史。

b）发展定位

以"义乌城市记忆"为主题的城市高端时尚消费地延续朝阳门历史上"繁华街市"的功能定位，突出其在不同发展时期内引领发展的形象，并强调城市发展的记忆线索，以展现"义乌城市记忆"为主题的特色街区，功能发展整合北侧工人西路已形成的百

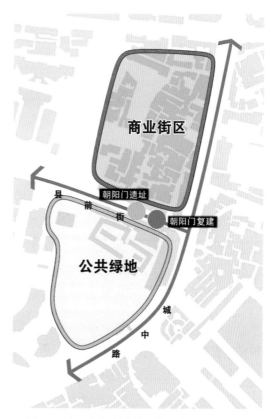

▲ 图5-35　朝阳门规划布局示意图（自绘）

货商城、名品店等，发展高端商业消费、时尚休闲体验，并辅以精品时尚餐饮品牌，形成以义乌精英阶层为主要消费人群的高端时尚消费地。

c）功能分区

县前街与城中路交叉口以朝阳门的复建为主要空间标志点，并作为朝阳门特色街区的入口标志。

县前街北侧，现朝阳门停车场区域，作为文化体验功能和高端商业功能的主要发展区，新建步行街区，以2～4层建筑为主，空间内部应注重体现朝阳门地区原有的地形特色，通过地形改造增加空间趣味性和历史记忆。

南侧绿地改造为以展示义乌城门体系为主线索的公共绿地空间，以义乌历史时期城防系统"有门无墙"的建设特色为资源，通过景观壁画、地面铺装等手段记述、传承义乌七座城门的建设历史及景观特色，并在绿地中央位置借助影像技术展示义乌的城门特色。

d）整体风貌控制

建筑风貌应与整个区域协调，需是能够突出地区历史底蕴的传统与现代并重的建筑类型，不应完全依照传统建筑建设，亦不应建设为纯粹的现代风格建筑，应是本地传统建筑特色与现代建筑材料及功能需求的结合体，以凸显义乌现代、包容且与传统并重的形象。

（3）西门街片区营建策略

①发展现状

西门街东起丹溪北路，西至城中西路，是义乌老城核心区保留最完整的历史片区之一。随着近现代城市的发展逐渐衰落，目前整体环境杂乱、功能单一。

西门街及周边地区是义乌中心城区少数未经过城中村改造的地区之一，长期处在自由生长的状态，保留了原有义乌的街巷肌理和空间特征，但内部有价值的传统建筑不多，且年久失修，居民自搭乱建房屋较多；街巷内居住人群本地人较少，多为外地租户，业态层次较低，且地域混杂，多为满足基本生活需求的面馆、发廊、日用品店铺等；街区整体环境杂乱，卫生条件差，基础设施简陋。

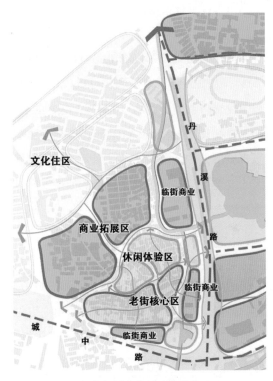

▲ 图5-36　西门街规划结构图（自绘）

②价值特色

西门街，县治西南，迎恩门内，北与朱店街衔接。后经清晚期的发展，逐渐出迎恩门向外延伸，西至环城公路（大致为今城中路），这条道路的其他部分已湮没于城市发展中，仅留存现状连通丹溪路和城中路的一小段路，以及"西门街"的历史地名。

历史上重要建筑和空间主要有西门街、迎恩门、书院、社稷坛等，现存戚氏故里和大面积传统民居。

历史时期西门街与朱店街相连，均为商业繁华街市，西门街以百货、副食、酱酒菜等居民生活服务类商业店铺为主。

现状西门街内有历史价值的建筑较少，多为20世纪五六十年代建设，单就建筑风貌而言并非能够代表义乌地域建筑艺术水平的地区，其历史价值主要体现在城市环境肌理的保存和城市记忆留存两个方面。

在城市环境肌理保存上，由于没有经过大规模的城市改造，西门街保留了义乌城市原有的微丘陵地形特征，街巷空间起伏明显，趣味性较强。

在城市记忆留存上，义乌在三十余年的快速发展中，城市空间不断扩张，内部不断更新改造，大量留存有义乌人生活记忆的空间被破坏、拆除，西门街已经成为唯一真实存在的、留存历史最长的传统街区，它对于义乌人有着特殊的意义和价值。

③核心发展问题

a）发展定位：以本地化高端体验为特色的"义乌老街"

突出西门街作为义乌最后一条完整老街的保护价值，强调对西门街进行肌理保护及历史发展承载，以展现"义乌老街"为主要特色，通过改造有价值的传统建筑，老街两侧适当更新建设，并向两侧纵深发展，突出"老街巷"概念，梳理改造以形成具有地域特色的"义乌文化老街区"。

功能以培育发展本地化的高端餐饮为主，结合引入其他地区具有较强认可度的特色精品餐饮体验，并辅以高端的休闲体验场所，打造以餐饮会所为主、高端休闲场所为特色的义乌本地生活体验街区。

西门街历史片区的改造主要考虑为以下三类人群提供不同的空间。

原有居民：祠堂、书院、当铺、棋牌、茶馆、酒楼、客栈等，为当地居民的各种活动提供交流、欢聚及经营的场所。

新增居民：茶馆、酒吧、购物等，为新区居民提供休闲、消遣的场所。

消费人群：参观、购物，为外来人员提供体验、参观及消费。

更新发展区域
近年新建住区，肌理及建筑风貌都已不在，可做更新建设

改造利用区域
建筑风貌保存不多，但尺度较传统的区域，以改造利用
为主

保护修缮区域
可值得保留区域，可以进行建筑进行筛选留存，修缮整治
来满足新功能

▲ 图5-37 西门街区建筑整治措施建议图（自绘）

b）功能分区

西门老街核心区

主要为沿现状西门街两侧区域，通过保护、改造传统建筑，并合理新增部分风貌协调建筑，保持现状街巷尺度和连续商业界面，以高端餐饮服务为主要功能承载，注重街巷内细节处理、文化讲述及景观体验，整合升级为以精品餐饮服务为特色的"义乌老街"，成为片区发展的核心吸引点。

休闲体验区

位于老街核心区的北侧，现状为居民自建住宅，未来可在保持传统肌理和片区整体性的基础上，仿建或迁移市域或其他地区的古建筑院落至此。在参观游览的基础上，可赋予院落不同的休闲体验功能，如餐饮服务、茶文化体验、文娱场所等。

文化住区

位于西门街区北侧，临街浙赣快速路，现状为多层住宅，风貌较差，可进行更新建设，发展吸引艺术家、企业家、设计师等精英阶层的高档住宅区。

商业拓展区

位于西门老街与新建文化住区之间，为满足住区休闲购物需求及西门街区功能的完整性，选择在这一区域内发展以精品购物、娱乐休闲体验为主的商业拓展区，为步行街区式空间。

c）整体风貌

在高度、体量、风貌、色彩上进行整体控制，以肌理延续为原则，在义乌及周边地区传统建筑风貌的基础上进行改造，不可做纯粹的古建筑仿建，可适当加入现代元素，增强时代感和现代气息，需确保在视野所及范围内风貌基本一致；街区内部营造适宜的空间尺度，建筑体量上以1~2层为主，街宽比保持在1：1~1：1.5之间；街区内部地面采用石板路，恢复传统风貌并保持现状街区内的高度变化，增加石板阶梯等。

d）建筑整治措施

对于西门街内部建筑的整治方式分为三类建筑类型：

保护修缮建筑

通过评估街区内建筑的整体风貌情况，该类建筑数量较少，主要是西门街两侧具有相对较好风貌区域中部分值得保留修缮的传统建筑，可以对其进行修缮整治，通过结构加固改造、立面整新、内部装饰升级来满足新的功能需求。

改造利用建筑

街区内存有较多现代风貌的2~4层建筑，筛选其中建筑风貌尚可、质量较好、易于利用的建筑进行改造利用，改造措施主要包括对于屋顶、墙面及其他装饰结构的整修改造，内部空间的再分隔等。

更新发展区域

街区北侧存有较多人工改造的居住街区及居民自建住宅，风貌较差且难以改造利用，对于这类建筑，为满足街区发展需求，对其采取更新建设的措施处理，拆除以后尽量按照传统肌理、风貌进行建设并发展新的产业功能。

（4）新马路—北门街片区营建策略

①发展现状

新马路及北门街一带现状为生活区，两路中间现为废弃空地，新马路西侧为一处菜市场，菜市场北侧临近老浙赣铁路线的区域多为老旧住区，建筑风貌情况较差；北门街东侧临近工人西路段多为新建商业建筑，中段为新建居民小区，北段为已拆迁空地。

②历史价值

新马路—北门街地段历史时期处于义乌古城北部，北门拱宸门大致位于现北门街中段位置，北倚崇山，势若屏障，其西侧为东岳庙旧址，明代县令熊人霖曾作诗描述拱宸门：

"南钤婺郡依南斗，北望神京静北辰。历历蟹螺轮两税，巍巍鹳鹊起重阃。琴弹浙水家声旧，诏领华川职事亲。闻道未央方问夜，世臣保障敢称循。"

民国间，随着铁路的修建，北门街逐渐繁华，西门街逐渐衰败。北门之外原为山地，浙赣铁路修建后，义乌火车站选址于县城北侧，位于义乌城北的北门街、北门路（现车站路）迅速发展，成为义乌的重要繁华街道，这一发展过程亦可体现出义乌人敢为创新、能够紧抓时代发展趋势的基本品质。

新马路因是在抗日战争期间新建公路而得名，它和北门街均是义乌北侧的出入道路，紧靠浙赣铁路老线，向北经北门路可到义乌老火车站，因此这一地区一直便是商贸集中区域，第二代义乌小商品市场—新马路市场便在现今菜市场的位置，现状仍保留有一处原有门亭，

◀图5-38 2011年新马路
周边情况图

◀图5-39 2011年新马路
周边情况

近年在工人西路逐渐发展为以第一百货、银泰百货为代表的义乌高端消费地段。

商贸业发展初期，新马路与北门街是义乌中心城区通向火车站的重要道路，也是出入稠城镇的主要道路，第一代湖清门市场位于其南侧，在这一地区义乌小商品贸易由零散售卖转向集中市场发展，可以说这一地区见证了义乌商贸业的起步阶段，是改革开放后义乌城市发展起步的重要节点，也是义乌新时期城市记忆的重要遗存点。

综合看来，新马路—北门街地段在历史时期是义乌北门所在，景色优美，历史上周边有价值的重要建筑还有东岳庙、儒学等，历史底蕴较好；后随着民国时期浙赣铁路的修建，这一地区迅速地成了商贸繁华地段，并在改革开放后形成了第一代、第二代小商品集中市场，见证了义乌商贸业的起步时期，记载了历史的同时亦展现出了义乌人的精神气质，因此这一地区对于义乌城市文化特色营建有着重要作用。

③核心发展问题

发展定位：以展示近现代商贸发展为主题的纪念空间

结合区内遗存的二代市场遗迹，以及其发展过程中展现出的义乌精神，强调其义乌近现代商贸业起步见证地的价值，整合提升内部存留的传统手工业店铺，地段内功能以近代商贸发展为展示主题，以商业文化、民俗文化、市井文化为主要体验内容，通过主题纪念空间进行串联，周围配以文化产品售卖、特色餐饮服务等功能片区，形成以展示义乌精神和近现代商贸发展史为主题的纪念空间。

功能分区：

a）商贸文化纪念展示区

现状新马路菜市场区域，依托第二代小商品市场—新马路市场这一城市记忆点，以此为核心资源，通过建设义乌商贸文化展览馆、商贸文化纪念广场等形式展示义乌商贸文化、义乌人精神气质，成为展示义乌商城文化的核心场所。

b）特色民俗商业区

临近浙赣快速路和机场快速路，现状为旧住区，通过更新建设，整合周边及地区内特色传统手工业店铺，进行升级改造形成以特色民俗产品售卖、民俗文化体验、特色地域餐饮服务为主要特色的商业街区。

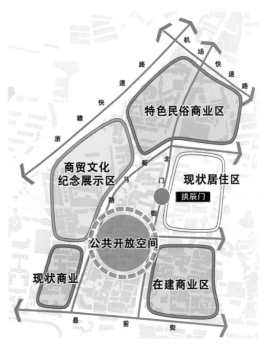

▲ 图5-40　新马路规划结构

c）在建及规划高端商业区空间

位于北门街两侧，已建有银泰百货，新马路与北门街地块规划为商业服务业地块，这一区域未来将逐步形成义乌本地高端商业消费地，需注意合理处理机动车交通，采取单向行驶等管理措施，减小道路宽度，增强空间的可达性。已规划拟建商业中应尽量考虑增加公共开放空间或半开放空间，增加商贸市场发展纪念展示内容及古城北门纪念标识等城市发展记忆内容。

5. 古城门系统特色营建建议

针对城门分布、现状及周边地区未来发展定位，对不同城门在未来城市空间文化特色营建中的保护方式进行了不同的处理。

（1）修复再现——朝阳门、迎恩门

朝阳门和西门街是义乌现状仅存的历史古城遗址地区，为了能够更好地传承历史记忆，展示义乌古城形象，并且结合朝阳门及西门街周边地区的发展定位，研究认为需对东西两个城门即朝阳门、迎恩门进行不同方式的复建。

其中朝阳门为错位复建，以现代感雕塑代替，以符合它作为能够贯穿义乌古今发展的纪念地作用，寓意于传承历史、寄语未来、贯通古今。迎恩门结合西门街修缮整治，可作为西门街入口标志，以合适体量的古城楼形式修复。

（2）遗址纪念——文明门、通惠门、卿云门

文明门、通惠门、卿云门的位置现状临近城市主干道路，缺少复建空间，且周边地区建设已相对成熟，纯粹的复建意义不大。因此对于这三处城门，研究认为尽量选取合适的位置通过碑记、软性记忆、遗址展示等方式进行保护，达到纪念、形象展示的作用。

（3）活化利用——湖清门、拱辰门

湖清门、拱辰门两处城门在义乌近现代商贸发展，尤其是改革开放后的小商品市场发展起步阶段有着重要意义，城门不仅代表了义乌历史时期建设的成就，亦在义乌商业文化发展中有较强的代表性，因此研究认为对湖清门、拱辰门区域赋予商业文化内涵，结合周边新马路——北门街区域的建设定位，通过遗址公园形式进行保护利用。

基于义乌城市发展的现状及未来文化特色营建的需求，从市域、老城区、老城核心区三个层次进行城市文化特色营建研究。运用立体架构和区分发展的空间特色营建策略，对不同层次的特色空间和不同历史资源基础的区域提出特色营建思路。

市域空间层面，通过阐述市域城市生态格局营建思路和历史依据，分析义乌大山水人文系统，确定城市山水格局系统的恢复和保护是义乌城市空间特色营建最基本的方面。根据市

域生态格局，保护山地边界、拓展水系空间，并建立起联系山水之间绿色廊道的思路，明晰市域内需保护的重要山水城轴线："黄檗山—中心城区—义乌江"轴线、"铜山—深塘水库—铜溪—义乌江"、"轴线大寒山—赤岸镇—佛堂镇—义乌江"轴线。

城区空间层面，分为老城传统文化核心展示区和新城区城市新文化展示区两部分进行研究。老城区在大山水框架和大文化背景下，强化两个绣湖文化中心和宾王商贸中心两个中心；疏通南北、东西各两条水系，构建水系生态网络；按照功能分为历史文化展示路、商业文化展示路、城市景观展示路、生活文化展示路四类营建交通系统；结合城市水系生态网络和交通系统的构建，营建"一心、两片、四廊、多点"的网状绿化景观系统。新建区域空间分为现代城市景观核心展示区、城市门户形象展示区、产业景观展示区、义南人文生态景观展示区四个特色发展区。

老城核心区层面，挖掘义乌古城建设要素资源，结合资源研究和现状发展，将老城核心区细分为"一中心、三廊、三片区、多节点"的空间结构，选取绣湖片区、朝阳门片区、西门街片区、新马路片区进行重点改造，形成展示义乌城市精神和历史文化的核心区，并根据古城门的分布、现状及周边地区未来的发展定位，对不同城门在未来城市空间文化特色营建中的保护方式提出建议，从而由整体到局部完成义乌市空间特色的营建。

Chapter 6
第6章

未来之义乌

在城市的发展过程中，不可避免地要面对城市的新陈代谢问题：城市的繁荣、衰退和复兴。旧城中心区，作为城市结构与功能的中心，也引起更多的关注。相对于西方国家城市中心区人口和活力的锐减，我国的旧城中心区一般仍拥有较大的人口密度，在这种高负荷下旧城中心区的问题显得更加突出。随着城市经济的高速发展、城市框架的迅速拉开，城市发展的重心不断外移，城市发展无暇顾及旧城中心区的更新和发展，导致对旧城中心区的功能和定位不够明确。旧城中心区普遍存在功能混乱、基础设施不足和交通拥挤等问题。

作为义乌市的中心区，在城市的迅速发展过程中，随着它本身的物质性老化和功能性解构，正在逐渐失去它原有的中心魅力。面对产业升级和城市形象提升带来的各种压力，老中心区亟须注入新的物质空间形态与新的文化精神，来焕发新的活力和魅力。

文化是城市之魂，也是城市核心竞争力的重要体现，城市文化的独特性决定了每座城市独特的面貌。本书从梳理义乌市文化发展脉络着手，通过分析不同历史时期义乌城市空间的发展特征，探寻义乌城市空间发展与地域文化之间关系，明确文化特色营建对未来城市空间发展的重要意义，从不同的层次和方面应用具体手法来重塑具有义乌传统特色的城市空间环境，提出特色营建思路和空间优化措施，引领未来城市空间的发展。

义乌市经济的飞速发展和城市的急速扩张使得城市内原有的文化氛围丢失，在义乌未来城市空间的建设中，应秉承顺应自然、尊重历史、与时俱进、整体和谐的理念和传统的义乌精神，注重历史文化的深层挖掘、地域特色的自觉追求、生态格局的实践探索和技术手段的得体运用，为城市提供有内涵的公共空间和有意义的文化场所，让城市空间重新找回地方特色，使历史文化资源重新焕发活力，真正成为城市未来发展的强大动力，使义乌的魅力长盛不衰。

References
参考文献

1. 义乌市城建档案馆编写组. 义乌古建筑［M］. 上海交通大学出版社, 2010.

2. 陈国灿. 奇迹的背后——义乌商贸文化的历史透视和现实解读［M］. 上海人民出版社, 2011.

3. 黄美燕. 义乌建筑文化［M］. 上海人民出版社, 2016.

4. 牛建农, 吴广艳, 张俊芳, 谭剑. 村庄·产业·文脉·人——义乌美丽乡村建设回顾与思考［M］. 中国建筑工业出版社, 2016.

5. 楼森宇. 义乌丝路金融小镇人本尺度街巷塑造初探［J］. 城市地理, 2017.

6. 朱庆平. 义乌地名故事［M］. 上海人民出版社, 2016.

7. 范昀, 陈圣荣. 义乌名士文化［M］. 上海人民出版社, 2016.

8. 金福根. 图说义乌——走进长城脚下义乌兵古村落［M］. 上海人民出版社, 2015.

9. 义乌丛书编纂委员会. 执手义乌——义乌人与名家的交往［M］. 上海人民出版社, 2011.

10. 义乌丛书编纂委员会. 乌伤遗韵：义乌市非物质文化遗产撷英［M］. 上海人民出版社, 2015.

11. 义乌丛书编纂委员会. 义乌民俗［M］. 上海人民出版社, 2011.

12. 义乌丛书编纂委员会. 义乌谭故［M］. 上海人民出版社, 2011.

13. 王一胜. 义乌敲糖帮［M］. 上海人民出版社, 2013.

14. 方晓, 谭剑, 吴广艳, 陈红. 义乌老城区城市更新策略［J］. 规划师, 2017.

15. 中国社会科学院《义乌发展之文化探源》课题组. 义乌发展之文化探源［M］. 社会科学文献出版社, 2007.

16. 义乌统计年鉴［M］. 中国统计出版社. 2011.

17. 王述祖. 义乌现象——从中国小商品市场到国际市场［M］. 中国财政经济出版社, 2009.

18. 陆立军. 义乌试点［M］. 人民出版社, 2014.

19. 义乌市博物馆. 乌伤遗珍——义乌市文化遗产图志［M］. 文物出

版社，2008.

20. 王翔. 义乌文化十讲［M］. 浙江工商大学出版社，2015.

21. 顾朝林，甄峰，张京祥. 集聚与扩散——城市空间结构新论［M］.
东南大学出版社，2000. 1-20.

22. 候幼彬. 中国建筑美学［M］. 黑龙江科学技术出版社，1997.

23. 沈福煦. 中国古代建筑文化史［M］. 上海古籍出版社，2001.

24. 吴庆洲. 建筑哲理、意匠与文化［M］. 中国建筑工业出版社，
2005.

25. 王昀. 传统聚落结构中的空间概念［M］. 中国建筑工业出版社，
2008.

26. 李晓东，杨茳善. 中国空间［M］. 中国建筑工业出版社，2007.

27. 彭一刚. 传统村镇聚落景观分析［M］. 中国建筑工业出版社，
1992.

28. 张良皋. 匠学七说［M］. 中国建筑工业出版社，2002.

29. 李允鉌. 华夏意匠——中国古典建筑设计原理分析［M］. 天津大
学出版社，2005.

30. 梁漱溟. 中国文化要义［M］. 上海人民出版社，2011.

31. 汉宝德. 中国建筑文化讲座［M］. 生活·读书·新知三联书店，
2008.

32. 陈志华. 北窗杂记［M］. 生活·读书·新知三联书店，2005.

33. 李立. 乡村聚落：形态、类型与演变［M］，东南大学出版社，
2007.

34. 藤井明. 聚落探访（宁晶译，王昀校）［M］. 中国建筑工业出版
社，2003.

35. ［丹麦］扬·盖尔. 交往与空间［M］. 何人可译. 中国建筑工业出
版，2004.

36. ［日］芦原义信. 外部空间设计［M］. 尹培桐译. 中国建筑工业出
版社，1985.

37. 藤森照信. 人类与建筑的历史［M］. 范一琦译. 中信出版社，
2012.

38. C·亚历山大. 建筑的永恒之道［M］. 赵冰译. 知识产权出版社，
2002.

39. 原广司. 世界聚落的教示100.［M］. 刘淑梅等译. 中国建筑工业
出版社，2003.

40. 伯纳德·鲁道夫斯基. 没有建筑师的建筑：简明非正统建筑导论
（高军译）［M］. 天津大学出版社，2011.

图书在版编目（CIP）数据

义乌老城区城市建设历史文脉研究／单彦名等编著 . —北京：
中国建筑工业出版社，2018.2
（历史文化城镇丛书）
ISBN 978-7-112-21790-8

Ⅰ . ①义… Ⅱ . ①单… Ⅲ . ①城市规划－空间规划－研究－义乌
Ⅳ . ①TU984.255.4

中国版本图书馆CIP数据核字（2018）第020143号

　　义乌是全球最大的小商品集散中心，经济发展成就令人瞩目，城市规模快速扩张，城市文化特色缺失。本书系统梳理义乌各个时期城市空间发展的脉络，总结义乌市城市空间布局面临的主要问题，提出"七门之设，山水为防"的义乌城市传统特色营建思想。基于义乌城市发展的现状及未来文化特色营建的需求，寻找义乌城市特色提升可利用的文化及空间资源。结合全国"城市双修"工作的要求，从义乌市域、城区、老城区三个层次制定城市特色营建的策略。为探寻城市特色发展和空间优化提供进一步的可能性，可为城乡规划、城市设计、建筑设计、环境艺术设计及其他相关规划设计和研究领域的设计者、管理者提供参考。

责任编辑：唐　旭　杨　晓
书籍设计：锋尚制版
责任校对：焦　乐

历史文化城镇丛书
义乌老城区城市建设历史文脉研究
单彦名　高朝暄　冯新刚　田家兴 等编著
＊
中国建筑工业出版社出版、发行（北京海淀三里河路9号）
各地新华书店、建筑书店经销
北京锋尚制版有限公司制版
北京利丰雅高长城印刷有限公司印刷
＊
开本：787×1092毫米　1/16　印张：7¾　字数：155千字
2018年4月第一版　2018年4月第一次印刷
定价：78.00元
ISBN 978 - 7 - 112 - 21790 - 8
　　　　（31624）